# LES

# SENSITIVES

TRAITÉ

DE

PHYSIOLOGIE VÉGÉTALE

PAR

M. LÉON RÉGLEY

Homme de lettres,
Chevalier de la Légion d'Honneur.

PARIS
CH. ALBESSARD ET BÉRARD, LIB.-ÉDITEURS
8, RUE GUÉNÉGAUD ;

Même maison à Marseille, 25, rue Pavillon

LES

# SENSITIVES

C.

*Paris.—Imprimé chez Bonaventure et Ducessois,*
*55, quai des Grands-Augustins.*

NEPENTHES DISTILLATORIA.

# LES SENSITIVES

TRAITÉ

DE

PHYSIOLOGIE VÉGÉTALE

PAR

M. LÉON RÉGLEY

Homme de lettres,
Chevalier de la Légion d'Honneur.

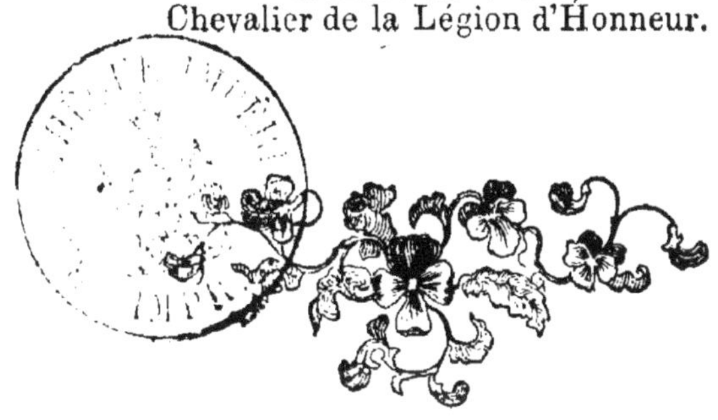

PARIS
CH. ALBESSARD ET BÉRARD, LIB.-ÉDITEURS
8, RUE GUÉNÉGAUD ;

**Même maison à Marseille, 25, rue Pavillon.**

1862

# INTRODUCTION

—⁓✱⁓—

A tous les âges de la vie, le merveilleux nous captive; nous aimons les récits de l'Orient et les contes fantastiques du Nord, parce qu'en nous trompant ils nous font oublier notre mortelle nature et nous transportent dans un monde idéal tout peuplé de rêveries et de chimères. Et cependant, tout près de nous, sur cette terre dont notre âme s'éloigne, la vie réelle se manifeste par des prodiges sans nombre, plus merveilleux cent fois que les rêves des poëtes; l'indifférent passe sans voir; l'ignorant sans comprendre, parce qu'ils n'ont ni la foi ni la science. La foi? mais la nature la donne à ceux qui l'observent et l'aiment; elle fait naître en eux le sens et l'amour du beau, elle poétise leurs sentiments, les rend meilleurs et plus religieux. Puis, tout doucement, la science les pénètre et l'étude n'est plus pour eux une fatigue, mais un plaisir.

Acceptez donc, mes jeunes lectrices et mes jeunes lecteurs, ce livre tout plein de révélations; car, je vous le dis, la nature livre ses secrets à l'homme studieux qui l'interroge. Je vous ai parlé de prodiges, eh bien! écoutez ce récit:

Sous les bandelettes sacrées et dans la main fermée d'une momie égyptienne qui semblait ensevelie depuis trente siècles au moins, des voyageurs trouvèrent quelques grains de blé. Ce blé, recueilli avec soin, fut envoyé à un savant botaniste de Londres qui, à son tour, le confia à la terre. Les graines, secouant alors une léthargie de trois mille ans, donnèrent bientôt des chaumes qui se couvrirent d'épis magnifiques.

Ainsi, comme l'œuf sous l'aile de l'oiseau,

la graine éclôt au sein de la terre qui lui communique la chaleur et les forces de la vie.

Mais qui nourrit durant cette existence secrète la jeune plante enfermée sous les dures enveloppes de la graine? Une abondante fécule que le miracle de la germination transforme en un suc liquide et vivifiant jusqu'au jour où, les dernières gouttes de cette source vivante épuisées, la jeune plante déchire de son pied rameux l'enveloppe protectrice, et dans le sol qui l'a recueillie, réchauffée, animée, enfonce de toutes parts ses rameaux si nombreux, si grêles, si déliés qu'on les prendrait pour une chevelure. La voilà fixée au sol qu'elle ne doit plus quitter : de là, bien délicate encore, sa tige peut s'élancer vers le ciel et porter en pleine lumière ses petites feuilles vertes et son premier bourgeon; le bourgeon qui renferme en lui toutes les générations futures, espérances de cet être fragile qui se révèle à la vie par une création appelant à lui tous les sucs nourriciers qui s'élèvent de la racine, pour grandir, prendre de la force, déployer ses feuilles comme des ailes qui l'emportent vers l'avenir.

Et Dieu fait travailler la nature pour que tous les éléments de vie que la plante prend à la terre par ses racines, à l'air par ses feuilles qui respirent, soient rendus sous mille formes, en résines, en gommes, en sucres, en parfums, en couleurs dont l'homme profite ou jouit, oubliant trop souvent de bénir la main de Dieu qui lui a tout donné.

Mais dans nos climats, la nature se repose chaque hiver; la jeune plante qui n'a vu qu'un printemps, comme les plus vieilles qui ont vu passer les années et les siècles, semble mourir déjà; ses feuilles se flétrissent, tombent, laissant à découvert de petits bourgeons qu'elles cachaient entre elles et la branche. Dieu a bien pris soin de cette nouvelle génération; elle peut dormir tranquille durant la mauvaise saison, un chaud duvet l'enveloppe et la met à l'abri du froid; une petite maison formée d'écailles enduites d'un vernis et disposées comme les tuiles d'un toit sur lesquelles glissent les longues pluies d'hiver, la préserve de l'humidité; et quand revient le printemps et ses douces influences, ces enfants endormis se réveillent et la plante revit en eux.

Ainsi passent les premières années, puis un printemps voit naître les premières fleurs, berceaux parfumés témoins d'une mystérieuse union que Dieu bénit et rend féconde, car elle donne le fruit, le fruit pour la graine, et ainsi se forme le cercle vivant des évolutions de la plante.

# LES
# SENSITIVES

## I

### Des propriétés vitales des plantes.

Irritabilité, sommeil.

La science que nous allons étudier, mes chers lecteurs, est l'étude des causes qui président à la végétation : on l'appelle la *Physiologie des végétaux ;* elle cherche à expliquer les phénomènes de leur existence et de leur origine, à connaître leurs habitudes, leurs mœurs, tandis que la botanique (et la botanique proprement dite seulement) s'occupe en quelque sorte de l'extérieur des plantes; elle classe et décrit les individus, les analyse à l'aide de l'anatomie et de la chimie.

Procédons d'abord par ordre à la division de tous les corps de la nature en trois classes. Elle est indiquée dans les plus anciens livres et dans les premières annales du monde; son origine se perd dans le temps de l'antiquité la plus reculée. Cette division paraît être la plus conforme au plan universel de la nature qui semble l'avoir indiquée elle-même.

Linné a indiqué en peu de mots, mais pleins d'énergie, les propriétés caractéristiques et essentielles qui appartiennent à chacune de ces divisions : *Mineralia crescunt, — vegetabilia crescunt et vivunt, — animalia crescunt, vivunt et sentiunt.*

*Les minéraux croissent,—les végétaux croissent et vivent,—les animanx croissent, vivent et sentent.* Expressions remplies de justesse et qui décèlent le génie du grand homme qui les a créées.

Les naturalistes modernes, considérant combien la limite entre ces différents règnes est quelquefois difficile à établir, préferent n'admettre que deux grandes classes; savoir : celle qui comprend les corps inorganiques, renfermant les gaz, les fluides et les minéraux, et celle formée de l'ensemble des corps organisés où se trouvent réunis les animaux et les végétaux.

Ces derniers sont l'objet de cette belle et intéressante partie de l'histoire naturelle que l'on nomme *botanique*, comme je vous le disais tout à l'heure, science qui approfondit la nature des végétaux, c'est-à-dire qui détermine le nombre, la texture, l'action réciproque, la situation, la figure, et la différence de leurs organes, qui en tire enfin des caractères propres à la distinction et à la définition des plantes.

Les principaux phénomènes de vitalité dans les plantes sont la faculté qu'elles ont d'attirer et d'introduire en elles des substances ambiantes, c'est-à-dire environnantes, pour les faire servir, après une élaboration convenable, au développement et à l'entretien de la vie, d'exécuter des mouvements lorsqu'une cause existante les détermine, de créer de la chaleur et de l'entretenir.

Le tissu dont les végétaux sont formés jouit non-seulement des propriétés générales de la matière, mais encore de certaines qualités importantes, savoir : *l'extensibilité*, *l'élasticité*, *l'hygroscopicité*.

Quoique les liquides contenus dans les cellules et les vaisseaux ainsi que les matières solides qui s'y déposent par l'effet de la vie puissent modifier ces qualités, on doit reconnaître qu'elles appartiennent en général aux organes des végétaux et qu'elles les distinguent des corps inorganisés. Le verre, par exemple, est bien moins élastique et extensible qu'un morceau de bois.

L'*extensibilité* est à son plus haut degré dans la jeunesse des organes ; on voit les branches s'accroître dans toute leur longueur, le tronc des arbres grossir facilement jusqu'à une certaine époque, où probablement le tissu devient plus tenace et plus dur par le dépôt successif des matières solides.

L'*élasticité* est cette propriété par laquelle un organe tend à reprendre sa première forme ou disposition lorsqu'une force étrangère l'a modifiée ; ainsi une feuille d'une plante retournée par nos mains ou par le vent se remet promptement dans sa première position ; il est cependant des pétioles (*supports des feuilles*) qui ne reprennent pas leur position quand on les dérange ; on a comparé ce phénomène à ceux d'une maladie chez les animaux, la catalepsie.

Il arrive souvent que des anthères (*petits sacs ordinairement à deux battants qui contiennent le pollen, ou poussière fécondante des fleurs*), des portions de corolle, ou les valves de quelques fruits secs nommées capsules, se déjettent instantanément par suite de leur élasticité et de la position forcée dans laquelle ces organes se trouvaient.

Les étamines de la pariétaire sont d'abord soudées vers le haut et courbées vers le centre, mais ensuite l'allongement de leurs filets rend cette position difficile, il arrive un instant où la séparation s'opère et où les étamines se jettent en dehors comme un ressort comprimé qui se détend. C'est ainsi que l'on voit éclater les capsules de balsamine et d'autres plantes dont les fragments sont éminemment élastiques. Dans beaucoup de cas, l'élasticité facilite les phénomènes de la vie végétale.

L'*hygroscopicité*, ou faculté de perdre et d'absorber l'humidité, joue un rôle très-important dans la végétation ; c'est une propriété tellement inhérente à quelques organes, que l'on fait des hygromètres avec des membranes ou produits végétaux.

Les organes les plus remarquables sous ce rapport sont les aigrettes des composées, les semences des géraniums, les valvules de plusieurs capsules, etc. On voit ces organes se tordre ou se crisper par la sécheresse, et se détordre ou s'étendre par l'humidité ; les corps ligneux et surtout l'aubier (*partie du bois placée sous l'écorce*) sont très-hygroscopiques, voilà pourquoi ce dernier se pourrit aisément lorsqu'il est mis à nu, tandis que l'écorce, étant peu hygroscopique, le protége habituellement ; c'est aussi l'une des causes qui font sortir par les fissures de l'écorce les gommes et les résines sécrétées intérieurement dans les corps ligneux.

Passons maintenant à la distinction des propriétés vitales.

Il y a des phénomènes que, dans l'état actuel des sciences physiques et chimiques, on ne peut pas expliquer par les propriétés de la matière : ce sont les phénomènes qui constituent la vie ; et en disant que les végétaux vivent, nous entendons qu'une force inconnue dans son essence (*la force vitale*) produit en eux pendant un certain temps des effets dont les lois de l'attraction et de l'affinité ne peuvent point nous rendre compte.

L'exemple du règne animal a disposé de tout

temps à croire que les plantes sont douées de la vie; il est facile en effet de saisir entre les deux règnes organisés de grandes ressemblances : par exemple, le développement régulier et symétrique d'organes, l'existence d'individus qui se nourrissent et d'espèces qui se perpétuent, des mouvements variés, des sécrétions et des excrétions. Toutes ces choses, d'après notre sentiment intime, dépendent, chez les animaux, de l'existence d'une force vitale. L'analogie conduit à admettre le même agent dans l'autre règne organisé.

Les naturalistes ont admis que la vie se manifeste de trois manières dans les animaux : par l'extensibilité du tissu cellulaire qui le fait se développer, résister aux éléments ou les modifier ; l'irritabilité des fibres musculaires qui les fait se contracter vivement lorsqu'un agent mécanique ou chimique les atteint; et la sensibilité ou faculté de percevoir les sensations et de transmettre les ordres de la volonté.

Dans le règne végétal, il y a absence de système nerveux et de muscles; par conséquent, il ne saurait exister d'irritabilité identique à celle que les zoologistes reconnaissent exister chez les animaux.

Quelques philosophes, dirigés par des idées religieuses, ont, il est vrai, cherché à prouver que les vétégaux sont doués de sensibilité, peut-être de sensations. D'autres, partant des mêmes idées et du fait que les végétaux n'ont pas d'organes de mouvement, ont cru que ce serait contraire à l'ordre universel et à la bonté de Dieu que des êtres fussent doués de la faculté de sentir le mal sans pouvoir l'éviter. On parle aussi d'une superstition assez singulière des Grecs : ils s'imaginaient qu'une nymphe était renfermée dans chaque arbre, et que sa vie était tellement attachée à celle de l'arbre, qu'on ne pouvait le couper sans blesser ou faire mourir la nymphe.

Cette croyance semblait s'être renouvelée chez les Gaulois, car leur respect pour les arbres était tel, qu'ils auraient cru commettre un sacrilége en les abattant ; aussi préféraient-ils envoyer des colonies et de grandes armées dans les autres pays, pour y fonder de nouveaux établissements, que de défricher leurs terres, parce qu'il aurait fallu qu'ils coupassent leurs bois.

La faculté locomotive est la compagne de la sensibilité dans le règne animal ; il semble même que plus est exquise la sensibilité dont les animaux sont doués, plus la nature leur a donné de moyens de rechercher ce qui leur plaît, de fuir le mal ou de se défendre. Et cependant, un fait bien curieux, qui peut faire croire que les plantes sont douées de la faculté de sentir, c'est que les substances telles que les alcools, l'opium, l'arsenic, et divers autres poisons qui agissent sur le système nerveux des animaux, influent aussi sur les plantes et peuvent même les tuer.

On leur attribue aussi l'*irritabilité;* ici, du moins,

il y a des phénomènes qui ressemblent à ceux que dans le règne animal on rapporte à cette propriété des muscles ; par exemple, en piquant avec une aiguille la base interne d'une étamine d'*épine-vinette*, on la voit se jeter vivement contre le pistil. En irritant les anthères de quelques carduacées, on observe un mouvement analogue. Les feuilles d'une plante appellée *Dionée attrape-mouche* ont au centre du limbe des poils roides qu'on ne peut pas toucher sans que la feuille se replie sur sa nervure centrale. On connaît aussi les mouvements de la sensitive, et l'on a reconnu que les vapeurs vénéneuses, les acides et même les alcalis font plier ses folioles.

Et encore, la séve monte dans les plantes bien au delà de ce que produit la simple capillarité, et contrairement à la loi de la pesanteur. N'y a-t-il pas là quelques phénomènes de contractilité ou irritabilité ?

Cet effet cesse à la mort de la plante, comme nous en avons cité un exemple. Une graine conservée dans un lieu sec pendant un grand nombre d'années ne s'altère pas, et ne germe pas ; mise en terre, la jeune plante cachée dans l'intérieur de cette graine se développe, et sort d'une longue léthargie ; elle devient un nouvel être semblable à celui qui l'a produite. Voilà les phénomènes qui caractérisent la vie. Les effets de la chaleur, de l'électricité, les produits gazeux, les sécrétions solides ou liquides, sont dans les végétaux vivants autant de phénomènes vitaux ; ils sont semblables à ceux que présentent les organes des animaux indépendamment des muscles et des nerfs. Il paraît probable que le tissu cellulaire végétal est le siége principal de l'excitabilité.

Il y a un grand nombre de plantes (*toutes les amphigames aquatiques, c'est-à-dire plantes ayant deux mariages*) qui vivent sans vaisseaux ni trachées, uniquement par le tissu cellulaire qui les compose en entier; c'est entre les cellules que monte la séve, c'est à leur surface interne ou externe que se forment les sucs les plus compliqués ; c'est aussi là que se déposent les produits solides de la végétation. Il est probable que les cellules et les vaisseaux tubulés qui en proviennent sont le siége principal de la vie. La grande élasticité des trachées qui peut faire penser à quelque propriété vitale est uniquement une propriété de tissu, car elle dure bien longtemps après la mort de la plante.

Les cellules, au contraire, semblent douées pendant la vie de flexibilité et de fraîcheur qui disparaissent à la mort.

Les naturalistes admettent un mouvement instinctif des cellules vivantes, et pensent que c'est un phénomène vital facilité par la chaleur, la lumière et l'électricité.

Ils semblent avoir quelques preuves de l'existence de ce mouvement : 1° Si l'on irrite les parties supérieures de la laitue et d'autres tiges de chicoracées, on voit le suc laiteux sortir par petits jets du tissu cellulaire. 2° La membrane interne des grains du pollen (*poussière jaune des étamines*) sort brusquement. 3° Quand on coupe une tige d'euphorbe, ou de tout autre végétal laiteux, on voit le suc blanc sortir à la fois par les deux plaies; quelle que soit la position verticale ou horizontale de la plante, le lait sort de bas en haut ou de haut en bas, ce qui montre qu'il est chassé par une force intérieure. 4° D'après les expériences de M. Humboldt, le suc laiteux des euphorbes ne coule pas, lorsqu'on coupe la plante après l'avoir tuée par une commotion électrique, car l'électricité détruit la contractibilité du tissu des végétaux.

Nous n'avons cité que quelques faits.

Parlons aussi des causes qui modifient l'excitabilité végétale : l'instant où les cellules jouissent au plus haut degré des caractères qui distinguent la vie, c'est celui où elles sont jeunes ; plus tard, elles se couvrent de matières ligneuses ou terreuses, de fécules, etc., etc ; ce qui contribue à diminuer leur excitabilité ; les cellules du bois, comparées à celles de l'aubier, montrent bien cette transformation.

Certains poisons narcotiques diminuent la vitalité des cellules.

Il y a, au contraire, des agents qui excitent plus ou moins le tissu des plantes vivantes : ce sont l'électricité, la chaleur, la lumière, certains gaz et certaines actions mécaniques.

La lumière détermine les phénomènes les plus

importants de la vie des plantes ; c'est elle qui fait que le tissu cellulaire décompose le gaz acide carbonique de l'air et que les stomates (*petites bouches microscopiques placées sous les feuilles et sur quelques autres organes de la plante*) s'ouvrent pour laisser échapper l'humidité surabondante et pour établir une communication de l'extérieur à l'intérieur du tissu ; ces phénomènes réglés par la lumière sont si importants que les végétaux ne peuvent pas vivre dans une obscurité prolongée.

La chaleur a des effets purement physiques, par exemple d'augmenter l'évaporation, de dilater les cellules; elle a aussi une influence sur la vie, car au premier printemps elle détermine l'évolution de bourgeons et l'ascension de la séve; elle tire les plantes, pour ainsi dire, du sommeil où l'hiver les retenait.

Une chose plus certaine et moins facile à comprendre, c'est que les chocs répétés sur un point, les piqûres d'insectes, augmentent la vitalité dans l'organe qui en est atteint. On sait que les fruits véreux, c'est-à-dire, piqués par des insectes, mûrissent les premiers; la piqûre des étamines de l'*épine-vinette*, le fait de toucher *la sensitive* produisent des effets remarquables qui paraissent être plus qu'une simple excitabilité et que beaucoup de botanistes comparent à l'irritabilité des muscles.

Nous allons passer à l'irritabilité et au *sommeil* des feuilles.

Dans certaines circonstances, les feuilles exécutent des mouvements plus ou moins marqués; ce singulier phénomène tient à l'irritabilité dont ces organes sont doués; s'il arrive en épanouissant un arbre en espalier qu'on ait fixé une branche de manière que la face inférieure des feuilles regarde vers le ciel, on verra les feuilles se retourner peu à peu et reprendre leur position naturelle. D'autres mouvements plus curieux et plus faciles à observer se manifestent dans la plupart des plantes quelque temps après le coucher du soleil : la position que prennent alors les feuilles est si différente de celle qu'elles avaient pendant le jour, qu'il est difficile de reconnaître le végétal.

On a distingué les positions les plus remarquables qu'affectent les feuilles, soit simples, soit composées; ainsi elles s'appliquent face à face, comme dans l'arroche des jardins, ou elles se roulent en cornet renfermant les jeunes pousses (l'*amarante tricolore*); ou elles se penchent vers la terre en formant une voûte au-dessus des fleurs inférieures (la *balsamine*); ou bien elles enveloppent la tige pour couvrir les boutons et les fleurs. Mais nulle part ces mouvements ne sont plus sensibles que dans les feuilles composées et articulées, c'est-à-dire dont les folioles sont fixées par articulation au pétiole commun, comme dans les légumineuses; dans le baguenaudier les folioles s'appliquent l'une contre l'autre, comme les feuillets d'un livre; dans le trèfle, elles forment un pavillon au-dessus des fleurs; dans le mélilot, elles sont réunies à la base, écartées à leur sommet; dans la réglisse, elles se recourbent pour recouvrir les bourgeons; dans la casse, elles s'abaissent en tournant sur elles-mêmes, tandis que le pétiole commun se relève, et s'appliquent ensuite l'une sur l'autre par leur face supérieure; pendant le jour, on ne pourrait leur donner cette position sans briser les pétioles particuliers : enfin, dans la sensitive, elles recouvrent entièrement le pétiole commun sur lequel elles sont disposées comme les tuiles d'un toit, etc.

Tels sont les phénomènes que l'on désigne sous le nom de sommeil des feuilles.

Il est d'autres mouvements d'irritabilité encore plus extraordinaires qui ne paraissent pas dépendre uniquement de la lumière; par exemple, le *sainfoin oscillant du Bengale* a des feuilles composées de trois folioles réunies sur un pétiole commun : la foliole terminale est très-grande et les deux latérales très-petites; ces deux dernières sont agitées d'un mouvement perpétuel de flexion et de torsion sur elles-mêmes, mouvement qui paraît indépendant dans chacune d'elles, puisqu'il n'est pas toujours égal dans toutes les deux; et même indépendant de la plante mère, puisqu'il continue dans la foliole qu'on détache de la tige. Une autre plante, la *dionée attrape-mouche*, a ses feuilles divisées au sommet en deux lobes réunis par une charnière mitoyenne; or quand un insecte touche un des petits corps glanduleux que l'on remarque sur la surface supérieure, ces deux lobes se redressent vivement, se rapprochent, saisissent l'insecte qui les irritait, et ne le lâchent que lorsqu'il ne fait plus aucun mouvement.

### Nutrition, séve.

Tous les végétaux ont la propriété de s'assimiler ou de convertir en leur propre substance les fluides et les gaz qu'ils absorbent dans le sein de la terre ou au milieu de l'atmosphère; cette fonction importante, appelée *nutrition*, s'exerce par les racines, par les feuilles et par toutes les parties vertes de la plante exposées à l'air. Des racines vers les feuilles s'élèvent des sucs nourriciers nommés *séve*, véritable sang qui les pénètre ; dans les feuilles, la séve acquiert de nouvelles propriétés, et, suivant un cours rétrograde, elle revient des feuilles vers les racines.

Les plantes n'étant pas douées de la faculté locomotive, c'est-à-dire d'avancer et de reculer, doivent trouver autour d'elles les matières propres à les nourrir; l'eau leur sert de nourriture, soit en elle-même, soit par les corps étrangers qu'elle tient en suspension, ou en dissolution ; cette eau est absorbée non-seulement par les extrémités capillaires des racines, mais aussi par le tissu de tous les organes de la plante. On sait qu'il y a des végétaux parasites dépourvus de racines, qui absorbent la séve d'autres plantes par une adhérence complète de la tige des deux espèces.

On sait aussi que des branches coupées et mises dans l'eau absorbent assez de liquide pour que leur vie se prolonge de quelques jours.

A la suite d'une longue sécheresse les feuilles absorbent les premières gouttes de pluie; les orchidées vivent très-bien dans une atmosphère humide, même sans avoir de racines dans le sol; tous ces faits sont exacts, mais ce sont des exceptions aux lois de la nature.

En effet presque toutes les plantes possèdent des racines, dont les extrémités, presque entièrement composées de tissu cellulaire, sont nommées spongioles; ce sont des organes, qui, dans le cours régulier des choses, et dans la très-grande majorité des végétaux, absorbent les liquides nécessaires à la vie. La force extraordinaire avec laquelle s'opère l'absorption par les racines ne peut s'expliquer uniquement par les lois de la physique et de la mécanique; il faut, pour la concevoir, admettre une puissance, une énergie vitale adhérente au tissu même des végétaux; on a cherché à déterminer par des expériences et des calculs la force prodigieuse de succion qu'on observe dans les racines et les branches. On cite en botanique plusieurs expériences à ce sujet; une racine de poirier dont on avait coupé l'extrémité fut introduite dans un tube rempli d'eau dont l'autre bout plongeait dans une cuvette à mercure, en six minutes le mercure s'éleva à huit pouces dans le tube. Un cep de vigne de sept à huit pouces de diamètre dont l'extrémité avait été coupée à trente-trois pouces au-dessus de la terre fut introduit de même dans un tube à double courbure, rempli de mercure jusqu'au niveau de la coupe transversale de la tige, en quelques jours la séve qui sortit eut assez de force pour élever la colonne de mercure à trente-deux pouces, c'est-à-dire quatre pouces de plus que n'aurait fait la pression d'une colonne d'air de la hauteur de l'atmosphère, que nous savons être égale à celle d'une colonne de mercure de vingt-huit pouces, ou d'une colonne d'eau d'environ trente-deux pieds.

C'est surtout à la face inférieure des feuilles, dans les végétaux ligneux, que les vapeurs et les gaz sont absorbés; cette face inférieure en effet est plus molle, moins lisse, ordinairement garnie d'un duvet léger et d'un plus grand nombre de pores qui facilitent cette absorption; la face supérieure, au contraire, plus ferme, plus lisse et plus souvent dénuée de poils, sert principalement à l'excrétion des fluides inutiles à la nutrition. C'est là ce qu'on appelle transpiration dans les végétaux.

Des feuilles d'arbres posées sur l'eau par leur face inférieure se conservent fraîches et vertes pendant plusieurs mois; posées sur leur face supérieure, l'absorption n'ayant pas lieu, elles ne tardent pas à se flétrir.

Des feuilles de plantes herbacées se conservent

longtemps saines dans les deux positions ; il paraît qu'étant plus rapprochées du sol et destinées à végéter dans une atmosphère toujours humide, elles ont les deux faces, supérieure et inférieure, également propres à l'absorption.

Si l'on dépouille un végétal de ses feuilles, il languira et finira par périr, parce que la succion exercée par ses racines ne pourra plus lui fournir tous les matériaux nécessaires à sa nutrition. Dans les plantes grasses, dont les racines sont très-grêles et qui végètent d'ordinaire dans le sable et sur les rochers, il est évident que l'absorption a lieu presque exclusivement par les feuilles et les autres parties exposées à l'air; les racines, incapables de fournir la nourriture au végétal, ne servent qu'à le fixer au sol.

Il ne faut pas croire que les spongioles n'absorbent que de l'eau : elles savent parfaitement séparer de ce liquide tout ce qui lui est étranger ; il est démontré que les plantes arrosées avec de l'eau distillée ne prospèrent pas et que des graines ou tubercules placés dans un vase clos avec de l'eau distillée uniquement ne peuvent pas végéter au delà d'un premier développement imparfait ; car l'analyse chimique des végétaux montre qu'ils contiennent une grande quantité de matières que l'eau distillée et l'air ne peuvent pas leur fournir, telles sont le carbone et les oxydes métalliques dont la plus grande partie de leur tissu est composée.

La présence de ces substances dans les végétaux

s'explique par ce fait que les liquides absorbés ne sont jamais de l'eau pure. Les spongioles absorbent plus ou moins les matières dissoutes et ne sont jamais baignées par de l'eau pure ; l'eau de pluie, qui approche le plus de l'eau distillée, contient de l'acide carbonique et après les orages de l'azotate d'ammoniaque.

L'acide carbonique, les sels ammoniacaux sont les substances qui constituent la partie la plus utile des engrais. L'eau telle qu'elle est dans le sol contient aussi de l'air atmosphérique, des carbonates de potasse, de chaux, de soude, etc. La silice et les oxydes métalliques sont aussi solubles dans l'eau, en faible dose, sans doute, mais assez pour faire comprendre comment ces matières entrent dans les végétaux ; ainsi si un arbre absorbe dans un certain temps deux mille litres d'eau, dans laquelle entrent deux millièmes de substance étrangère, ce qui est bien peu, l'arbre aura acquis un kilogramme de cette substance, à moins que les sécrétions ne lui en aient fait perdre une partie, ce qui n'arrive pas.

On explique alors comment un sol où la silice domine peut nourrir des plantes qui contiennent de la chaux et d'autres substances, et comment des matières rares dans les terrains, telles que le cuivre, par exemple, se trouvent même en assez forte proportion dans l'analyse chimique des végétaux. L'eau chargée de ces principes pénètre la plante et devient ce liquide nourricier nommé séve.

Des expériences modernes ont prouvé que l'ascension avait lieu à travers les couches ligneuses, et qu'elle était charriée par les vaisseaux répandus dans le bois de l'aubier et principalement dans ceux qui sont les plus voisins du canal de la moelle; mais, vers cette région, il en est quelques-uns nommés trachées qui ne renferment jamais de principes liquides : pour le prouver, on fait tremper une jeune branche dans un liquide coloré, on peut suivre, surtout dans les vaisseaux qui avoisinent les parties centrales, les traces du liquide absorbé, on n'en trouve aucune trace, ni dans la moelle, ni dans l'écorce. En perçant, au printemps, avec une tarière, le tronc d'un jeune saule ou d'un peuplier, on voit que l'instrument ne devient humide que vers les parties centrales, d'où la séve s'échappe avec un bruissement marqué. La séve, dans sa marche ascendante, communique avec les parties latérales de la tige et les branches, soit directement par les vaisseaux, qui aboutissent les uns dans les autres, soit en filtrant de proche en proche par les pores dont ces canaux sont percés.

Pour constater la rapidité avec laquelle la séve peut s'élever, on a plongé de jeunes pieds de haricot dans un liquide coloré, par exemple, avec de l'indigo, du carmin, et on a vu la liqueur y monter, tantôt d'un demi-pouce, tantôt de trois pouces en une demi-heure, tantôt de quatre pouces en trois heures, etc.

La cause de l'ascension de la séve dans les tiges

n'est pas bien connue. Il faut ici, comme pour la succion opérée par les racines, admettre une force vitale, d'où, en définitive, dépendent tous les phénomènes de la végétation ; néanmoins, certaines causes secondaires, telles que la chaleur, le froid, la lumière, le fluide électrique, peuvent influer sur le mouvement de la séve.

L'on sait qu'une température chaude facilite singulièrement le cours de la séve ; le froid, au contraire, le retarde ; ainsi la séve, épaisse et stagnante en hiver, ne commence à s'élever qu'au printemps ; on a observé que sa marche était plus rapide le jour que la nuit. Si l'atmosphère reste longtemps chargée d'électricité, les végétaux acquièrent un développement considérable ; ce qui prouve que la séve circule avec plus de rapidité.

Puis la séve, parvenue vers l'extrémité des branches, se répand dans les feuilles, où elle se débarrasse des principes aqueux ou gazeux devenus inutiles à la nutrition ; et redescend des feuilles vers les racines par une double voie, entre l'écorce et le bois sous le nom de cambium, puis au milieu de l'écorce elle-même sous le nom de séve élaborée.

## II

### De la transpiration, de l'expiration, de l'excrétion.

On nomme *transpiration végétale* l'acte par lequel la séve, arrivée dans les branches, laisse échapper la quantité de vie surabondante qu'elle contenait ; il est aisé de s'en apercevoir à la manière dont elles se flétrissent. D'ailleurs, en les plaçant dans un ballon de verre bien clos et au soleil, on voit assez promptement des gouttelettes se déposer sur les parois; cette eau s'exhale d'ordinaire en vapeur que l'air absorbe à mesure qu'elle se forme; mais si la température de l'atmosphère est peu élevée, on voit le liquide suinter en gouttelettes qui se réunissent plusieurs ensemble, et présentent un volume remarquable : telles sont les gouttelettes limpides que l'on trouve à la pointe des feuilles de certaines graminées, ou sur celles du chou au lever du soleil. Ce phénomène est très-remarquable dans une plante du sud de l'Afrique, le *népenthe distillatoire* (ou *alambic*) ; la nervure principale des feuilles, prolongée au delà du sommet en forme de vrille, se termine par une coupe en forme d'urne surmontée d'un couvercle à charnière ; tous les matins on trouve l'urne remplie d'une eau limpide que le couvercle en s'ouvrant laisse évaporer en partie pendant le jour. Chez nous, le chardon à foulon, dont les feuilles sont connées, c'est-à-dire réunies à leur base autour de la tige, offre aussi, dans l'aisselle de ces mêmes feuilles, une sorte de réservoir, qui le matin se trouve rempli d'eau; on a cru longtemps que ces gouttelettes étaient produites par la rosée ; mais il a été prouvé qu'elles provenaient de la transpiration végétale condensée par la fraîcheur de la nuit. Si l'on recouvre une tige de pavot avec une cloche, en interceptant soigneusement toute communication avec l'air environnant et la surface du sol, on trouvera le lendemain matin la tige chargée de gouttelettes comme à l'ordinaire.

Parlons maintenant de la *respiration*. Comme les animaux, les végétaux respirent, c'est-à-dire échangent avec l'air atmosphérique certains produits gazeux.

Nous avons vu précédemment que les racines ou les feuilles absorbaient et aspiraient une certaine quantité d'air ou d'autres gaz, soit purs, soit mélangés avec la séve ; c'est la portion de cet air ou de ces gaz, qui n'a point été décomposée pour servir à la nutrition, que les végétaux exhalent ou expirent; ce qui constitue le phénomène connu sous le nom d'*expiration*.

Cette exhalation gazeuse devient très-manifeste si l'on plonge une branche d'arbre ou une jeune plante sous une cloche de verre remplie d'eau et exposée au soleil; on verra bientôt la surface des feuilles se couvrir de bulles qui sont presque entièrement formées d'oxygène; si l'expérience était faite dans un lieu obscur, les feuilles, au lieu d'oxygène, n'exhaleraient que de l'acide carbonique et de l'azote.

Toutes les parties du végétal qui ne sont pas vertes, telles que les racines, l'écorce, les fleurs, les fruits mûrs, rejettent toujours de l'acide carbonique et non de l'oxygène; les parties vertes, au contraire, absorbent de l'acide carbonique et rejettent de l'oxygène, mais seulement durant le jour; la nuit venue, elles exhalent de l'acide carbonique et absorbent de l'oxygène. On conçoit combien il est dangereux de conserver durant la nuit, dans une chambre à coucher, des fleurs en grand nombre ou des arbustes.

Ainsi nous savons que les plantes absorbent une grande quantité d'acide carbonique qu'elles décomposent dans leur intérieur, lorsqu'elles sont exposées à l'action du soleil et puis rejettent la plus grande partie de l'oxygène qui était combiné avec le carbone. Mais, certains végétaux, lors même qu'ils sont soumis à l'influence des rayons solaires, n'expirent que de l'azote, tels la sensitive, le houx, le laurier-cerise. On n'a pas encore expliqué d'une manière satisfaisante cette déviation de la loi générale.

Résumons-nous : Des plantes en pleine végétation purifient l'air :

1° En détruisant le gaz acide carbonique flottant, gaz qui a été reconnu nuisible à la respiration des animaux ;

2° En augmentant d'une petite quantité la proportion d'oxygène libre.

Mais après la période active de la végétation, la grande chaleur ou l'hiver, dénaturant, détruisant même les fluides de la plupart des plantes pendant quelques mois, tous les végétaux à feuilles caduques (c'est-à-dire *qui tombent avant le développement des organes voisins*) ne produisent que du gaz acide carbonique, puisque les parties vertes leur manquent et que les parties colorées continuent leurs fonctions.

Les plantes à feuilles persistantes dégagent bien peu d'oxygène pendant l'hiver, à cause de la longueur des nuits, et du nombre de jours nuageux.

Vient ensuite la putréfaction des feuilles et des végétaux eux-mêmes qui absorbent encore de l'oxygène.

Il est donc difficile de dire, si le règne végétal, considéré en somme dans toutes les saisons et dans les dernières conséquences, accroît sensiblement la proportion d'oxygène de l'air atmosphérique.

Occupons-nous maintenant de l'*excrétion*.

Les excrétions végétales sont des liquides plus ou moins épais qui souvent se condensent et se solidifient ; ce sont tantôt des matières résineuses ou gommeuses, des huiles volatiles, etc., tantôt des matières sucrées, des huiles fixes, etc. Le frêne à fleurs de la Calabre laisse suinter un liquide épais et sucré qui se concrète et forme la manne. Un palmier de l'Amérique, le ceroxilon, donne une cire qu'on emploie avec avantage dans le pays ; c'est une espèce de ciste qui fournit le labdanum ; on tire du pin, du sapin, du mélèze, des quantités considérables de résine.

Le miellat qu'on trouve sur les feuilles de certains arbres de nos forêts est aussi une excrétion du même genre, comme la poussière glauque (*couleur vert de mer*) ou la fleur qui recouvre les prunes, les raisins et autres fruits. Les racines excrètent aussi des liquides qui peuvent être utiles ou nuisibles aux plantes qui vivent dans leur voisinage ; ainsi le chardon hémorroïdal nuit à l'avoine ; l'érigéron âcre nuit au froment, et la scabieuse au lin, etc. C'est par là qu'on explique les sympathies ou les antipathies de certains végétaux.

C'est la séve descendante qui donne naissance à tous ces produits. Des expériences précises ont démontré qu'elle suivait une marche que nous avons indiquée précédemment.

Si l'on fait au tronc d'un arbre dicotylédon une forte ligature, il se formera au-dessus d'elle un bourrelet circulaire qui grossira de plus en plus ; on conçoit que si ce bourrelet était formé par la séve qui monte des racines vers les feuilles, il se trouverait au-dessous de la ligature et non au-dessus. La séve descendante qui s'est élaborée et dépouillée dans les feuilles de son eau superflue contient plus de principes nutritifs que la séve ascendante, et concourt essentiellement à l'accroissement de la plante; c'est elle, en effet, qui renouvelle et entretient continuellement le cambium, qui s'organise pour former chaque année des nouvelles couches concentriques à celles qui existent déjà.

Les périodes de la végétation sont très-variables.

Il y a, pour chaque espèce, sauf des cas rares, des époques d'activité, de ralentissement et même de torpeur, puis de redoublement dans les fonctions végétatives. Ces époques se rapportent chez nous aux quatre saisons pour les plantes qui supportent notre climat; la chaleur est évidemment le régulateur principal de ces phénomènes. Dans les pays plus chauds, c'est la sécheresse qui agit sur les plantes comme l'automne et l'hiver, et la saison des pluies comme le printemps et l'été. Quelques climats intermédiaires offrent deux saisons de pluies moins caractérisées que sous les tropiques, une saison très-chaude et une moins chaude. Dans cette circonstance, les alternatives de végétation sont moins sensibles pour la vue, parce qu'elles ont lieu diversement pour chaque espèce, et non simultanément pour la majorité des plantes du pays; cela n'empêche pas que la plupart, perdant leurs feuilles à une certaine époque, sont en séve à une autre.

Le froid et l'absence des feuilles n'interrompent pas complétement l'absorption par les racines; ce qui le prouve, c'est que les bourgeons grossissent un peu pendant l'hiver; qu'un arbre planté en automne pousse plutôt que s'il eût été planté à la fin de l'hiver.

Cependant l'influence du printemps est grande.

Chaque espèce végétale a besoin d'une certaine quantité de chaleur et d'humidité pour se développer; au printemps, ce sont les deux causes déterminantes du retour des fonctions actives; car les végétaux sont tous alors préparés, tous disposés à ce réveil. Il est clair que certains temps d'automne sont entièrement semblables au printemps, et que cependant ils ne font pas développer les bourgeons. Des oignons ou tubercules conservés dans les caves poussent à une certaine époque. Probablement, pendant le repos de l'hiver, les sucs s'élaborent et se distribuent dans l'intérieur, de manière à préparer ce qui suit.

L'activité de la végétation se ralentit graduellement : depuis le printemps, les feuilles se chargent de carbone et de matières diverses déposées par suite de l'exhalation aqueuse; elles s'encroûtent, se durcissent, se colorent en jaune, quelquefois même plus tard en rouge, et finissent par tomber. Il se passe au milieu de cette période, au mois d'août, quelque chose de remarquable : c'est la séve d'août; la séve monte alors avec un redoublement d'activité assez sensible, quoique moins fort qu'au premier printemps, et détermine une avance des bourgeons, développement que le froid arrête ensuite pendant quelques mois; dans le peuplier, par exemple, ce mouvement détermine même l'allongement des branches et la formation de nouvelles feuilles dont la fraîcheur contraste avec le jaune des anciennes.

GIROFLÉE

CHÈVREFEUILLE

## III

### Fleuraison. — Reproduction des plantes. — Plantes mâles et plantes femelles, et du mariage des plantes.

« En s'élevant dans les airs et sur le sommet des monts, on dirait que les plantes emportent quelque chose du ciel dont elles se rapprochent. On voit souvent dans un profond calme, au lever de l'aurore, les fleurs d'une vallée, immobiles sur leurs tiges ; elles se penchent de diverses manières et regardent tous les points de l'horizon ; dans ce moment où il semble que tout est tranquille, un mystère s'accomplit, la nature conçoit, et ces plantes sont autant de jeunes mères tournées vers la région mystérieuse d'où leur vient la fécondité.

« Le narcisse livre sa race aux ruisseaux d'alentour ; la violette confie aux zéphyrs sa modeste postérité ; une abeille cueille du miel de fleurs en fleurs et, sans le vouloir, féconde toute une prairie. »

Cette révélation poétique d'un mystère d'amour

nous livrera bientôt le secret de l'innombrable multiplication des plantes.

Mais voyons d'abord la *fleuraison* des plantes.

Les racines, les tiges, les bourgeons, les feuilles, en un mot tous les organes qui constituent la plante, sont nécessaires à l'existence de l'individu végétal et au développement de toutes ses parties ; ceux que nous allons étudier ne sont pas moins importants, puisque leur action tend à renouveler et à perpétuer l'espèce.

Les organes de la reproduction dans les végétaux sont la fleur, le fruit et les différentes parties qui les composent.

La fleur ne consiste pas uniquement dans ces enveloppes colorées, brillantes, que recherchent si avidement les fleuristes, aux dépens même de parties bien plus essentielles; en botanique, il n'y a réellement de fleurs que là où existent les fleurs mâles et les fleurs femelles, soit réunies, soit séparées, puisque le calice et la corolle manquent très-souvent dans les plantes, sans que celles-ci soient privées de la faculté de se reproduire.

Les plantes herbacées fleurissent la première année ou la seconde, rarement plus tard, et les plantes ligneuses, d'autant plus tard que leur croissance est plus lente et leur durée plus prolongée. La même espèce fleurit plus tôt dans les pays chauds que dans les pays froids.

Les plantes bien arrosées et vivant dans un bon

terrain fleurissent plus tard que dans un terrain sec et stérile; une nourriture abondante fait pousser des feuilles et des branches dites gourmandes, comme on le voit très-bien dans la culture des arbres fruitiers, tandis que le défaut de nourriture et la gêne dans le développement des racines déterminent la fleuraison : ainsi les plantes en vases fleurissent ordinairement plus vite que celles en pleine terre.

La fleuraison, soumise aux influences des climats, est régulière ; mais cette régularité est moins grande dans les premières années que dans la suite de la vie. Dans les arbres fruitiers, une récolte abondante diminue celle qui suit et empêche même la fleuraison; ce qui tient à l'absorption par les fruits de la nourriture élaborée en été, nourriture qui devait servir à la fleuraison suivante. Les différences sont d'autant plus sensibles que les fruits restent plus tard sur l'arbre ; ainsi les récoltes de poires, de pommes, sont plus souvent bisannuelles que celles des framboises et des cerises. Quelquefois, au contraire, les arbres fleurissent deux fois dans l'année quand après une grêle ou une sécheresse qui ont détruit les feuilles, suspendu la végétation, il survient un temps humide et chaud. Le repos de la végétation suppose une époque antérieure d'activité dans laquelle les sucs se sont accumulés. Après la chute des feuilles, il se fait dans la plante un travail d'élaboration et de distri bution des sucs, ce qui rend la fleuraison possible avant même que les nouvelles feuilles aient paru, pourvu, toutefois, que les conditions de chaleur soient favorables.

Les plantes que l'on transporte d'un pays à l'autre commencent par fleurir à l'époque où elles fleurissent dans le lieu de leur origine, mais peu à peu elles se plient au nouveau climat et changent leur époque de fleuraison; cette lutte dure quelquefois plusieurs années. Les fleurs doubles fleurissent avant celles de même espèce qui sont simples. On explique cette différence par l'absence de fruits, d'où résulte une accumulation plus grande de nourriture; par la même raison, les dahlias fleurissent chaque année un peu plus tôt, depuis qu'ils ont été introduits en Europe et qu'ils sont devenus doubles.

L'organisation de chaque espèce influe nécessairement sur l'époque de la fleuraison. Il arrive aussi que, dans la même espèce, les individus varient à cet égard ; ainsi, dans une allée de marronniers, il y en a toujours de plus précoces et de plus tardifs que les autres, et ce sont toujours les mêmes individus qui présentent ces qualités.

Il y a au jardin des Tuileries un marronnier que sa fleuraison prématurée a rendu célèbre. Il se couvre de feuilles et de fleurs un mois avant ceux du même lieu; on ne peut attribuer cet effet qu'à un degré différent de chaleur obtenue par des moyens artificiels.

Les moyennes mensuelles de température étant peu variables dans un même pays d'une année à l'autre, il en résulte que les plantes fleurissent presque toujours à la même époque, et surtout que la fleuraison des espèces se suit dans le même ordre.

Linné a tenu note des fleuraisons successives de diverses espèces, à Upsal ; il nommait un tableau de ce genre le calendrier de Flore. On en a fait de semblables ailleurs, et toutes les flores locales font mention des époques de fleuraison; l'*amandier*, qui fleurit en Allemagne dans la seconde moitié d'avril, fleurit dans la première moitié de février à Smyrne, et à Christiania dans les premiers jours de juin.

Une grande quantité de fleurs s'ouvrent régulièrement à une certaine heure et se ferment à une autre.

Linné, dans son style toujours poétique, nommait les époques horaires l'*horloge de Flore*, réglées sur les veilles des plantes, de manière que chacun peut, sans montre, connaître l'heure positive du jour.

Le *liseron nil*, et celui *des haies* (vulgairement appelés *volubilis*), s'ouvrent à quatre heures du matin.

Le *pavot à tige nue*, à cinq heures.

Le *liseron à trois couleurs*, entre cinq et six heures.

Les *épervières*, entre six et sept heures.

Le *mouron des champs*, à huit heures.

Le *souci des champs*, à neuf heures.

*L'ornithogale en ombelle* ou *dame de onze heures*, onze heures

La plupart des *ficoïdes*, à midi.

La *scille de poméridien*, à deux heures.

Le *silène en ombelle*, entre cinq et six heures du soir.

La *belle-de-nuit*, entre six et sept heures du soir.

Le *cactier à grande fleur*, entre sept et huit heures.

Enfin à dix heures du soir, le *liseron à fleur purpurine*, qui est toujours ouvert avant l'arrivée de l'observateur le plus matinal.

En combinant les heures de fleuraison et la durée des fleurs, on distingue :

1° Les fleurs *éphémères*, qui ne s'ouvrent qu'une fois à une heure déterminée ; il y en a de diurnes, comme les *lins*, etc., et de nocturnes, comme le *cactier à grande fleur*.

2° Les fleurs *équinoxiales* qui s'ouvrent et se ferment plusieurs jours de suite à la même heure.

On nomme *météoriques* les fleurs dont l'état est modifié par celui de l'atmosphère ; ainsi le *souci pluvial* se ferme quand le temps se dispose à la pluie; la *campanule à fleurs agglomérées* et d'autres *campanulées* se ferment quand le temps se couvre.

Ces divers phénomènes tiennent à l'action de la lumière et nullement à celle de la chaleur ; ils ont lieu dans les serres comme à l'air libre.

Ainsi, des plantes météoriques ou équinoxiales

BELLE DE NUIT

1. Pistil. 2. Étamines. 3. Fruit. 4. Coupe du Fruit.

enfermées dans un caveau obscur, puis éclairées par des lampes pendant la nuit, sont dérangées dans leur fleuraison : elles s'ouvrent et se ferment irrégulièrement ; enfin elles s'arrangent à fleurir et à se fermer selon la clarté des lampes. Dans ces expériences, les *belles-de-nuit*, à la suite de quelques jours de lutte, finissent par s'ouvrir le matin après une nuit éclairée par les lampes, et se ferment le soir après une journée sans lumière. D'autres espèces ne peuvent se plier à ce nouvel ordre de choses, ni conserver l'ancien, elles se trouvent désheurées.

Mais aussitôt que ces fleurs, ces plantes ainsi désheurées, sont sorties de l'obscurité et délivrées de l'influence éphémère de ces lampes, elles reprennent bien vite leur habitude à la lumière du soleil.

Mais à ces fleuraisons déterminées, il y a là, comme dans toute chose, des exceptions. Je n'en citerai cependant que deux, dont une, prise parmi les plantes annuelles (c'est-à-dire *se développant, fleurissant, fructifiant et périssant dans la même année*), le *seneçon vulgaire*, dont les tiges fleuries couvrent la terre pendant toute l'année ; il en est presque ainsi du *souci des champs* et de la *mercuriale annuelle*.

Maintenant, dans les plantes vivaces, ligneuses, je ne prendrai qu'un arbuste, l'*arbousier commun*, appelé dans nos pays méridionaux *fraisier en arbre*.

Cet arbrisseau rameux, haut de quatre à six pieds,

a des feuilles dépourvues de poils, éparses sur la tige, coriaces, d'une forme un peu ovale, et présentant des dentelures comme celles d'une scie; les fleurs sont un peu petites, blanches, en forme de grelot, à cinq dents roulées en dehors, elles sont réunies en petits bouquets de sept à huit; chaque fleur contient dix étamines; le fruit est une baie à cinq loges, qui présente assez l'aspect d'une fraise de médiocre grandeur.

Cet arbuste, qui commence à fleurir de très-bonne heure, continue également sa fleuraison et sa fructification jusqu'aux froids un peu vifs, puisqu'on le voit très-souvent,—mais alors dans nos contrées plus septentrionales et cultivé dans nos jardins, — on le voit souvent, dis-je, couvert de neige, et nous montrant encore ses petits bouquets de fleurs, des fruits commençant à grossir et des fruits mûrs, que l'on emploie à faire des conserves d'un goût aigrelet assez agréable.

Pour ne point contrarier l'harmonie des lois qui régissent le monde animé et président à sa conservation, Dieu a créé des plantes mâles et des plantes femelles qui, par leurs mariages, donnent naissance aux fruits.

Les plantes mâles sont caractérisées par des organes presque toujours fort nombreux et composés d'un filet surmonté d'une petite poche appelée anthère, renfermant la poussière fécondante nommée pollen.

Les fleurs femelles, au contraire, sont caractérisées par la présence d'un organe unique presque toujours, et composé d'une cavité peu apparente qui grossit, se développe et reste seule pour constituer le fruit lorsque la poussière du pollen a pénétré jusque dans son intérieur.

Cette cavité est l'ovaire que surmonte une sorte de tube nommé style, et au-dessus du style un petit renflement nommé stigmate; et la preuve qu'il y a des plantes mâles et des plantes femelles, c'est que, dans une contrée où il n'y aurait aucune plante mâle, les plantes femelles ne porteraient point de fruits.

Cependant on a été longtemps à regarder cette idée comme chimérique, et il n'y a pas plus de deux siècles qu'on a reconnu qu'effectivement la reproduction des plantes avait lieu par suite du rapprochement des plantes de ces deux espèces.

Les anciens distinguaient bien les plantes mâles des femelles; mais, d'ordinaire, ils appelaient femelles les plantes faibles et délicates, et donnaient le nom de mâles à celles qui étaient fortes et vigoureuses.

Ainsi, les Arabes avaient remarqué que le dattier et le pistachier ne pouvaient fructifier que lorsqu'ils avaient été réunis avec des plants mâles sur lesquels ils n'avaient jamais vu de fruits. Ils avaient remarqué que les mâles contenaient une poussière que les botanistes nomment pollen; qui, répandue sur les plantes femelles, les rendaient aptes à produire des fruits parfaits; mais la véritable cause de ce phénomène leur était inconnue.

Encore aujourd'hui, quand les peuples d'Orient sont en guerre, ils ne connaissent pas de meilleur moyen de faire naître la famine chez l'ennemi que de détruire les dattiers mâles, parce qu'alors les femelles restent stériles.

Théophraste, en parlant des plantes mâles et femelles, n'y attache pas de sens exact, car il mentionne des pieds mâles qui portent fruit. Probablement il appelait mâles, comme le font encore aujourd'hui nos paysans, les pieds les plus vigoureux, et femelles ceux qui le sont moins. Dans ce sens on peut se tromper; par exemple, on prendrait le chanvre mâle pour le chanvre femelle.

Il est fâcheux que les gens si amoureux du merveilleux n'aient pas fixé leur attention sur ce point. Ce phénomène qu'ils ignoraient aurait fourni à leur imagination poétique des développements curieux, peut-être toute une mythologie.

Dans la plante dioïque, par exemple, c'est-à-dire dans celle où les étamines et les pistils sont sur des pieds différents de la même espèce, il a été reconnu, de tout temps, que les pistils des pieds femelles ne fructifiaient pas, ou du moins, ne donnaient pas de bonnes graines lorsqu'elles n'avaient pas reçu la poussière fécondante des plantes mâles.

Ainsi un agriculteur français possédait un pied

femelle d'*argousier du Canada*, lequel n'avait jamais porté de fruits ; mais ayant reçu un pied mâle, le premier se couvrit, dès la première année, d'une telle quantité de fruits, qu'il fallut l'étayer. En 1800, la guerre d'Égypte empêcha les habitants de ce pays de se procurer, dans les déserts, des régimes mâles de dattier pour saupoudrer de pollen les rameaux des pieds femelles qu'ils cultivent, et ceux-ci ne donnèrent pas de fruits.

Dans les plantes où les étamines et pistils sont séparés sur le même pied (*monoïques*), comme le maïs, on sait très-bien, en pratique, qu'il ne faut pas retrancher trop tôt les panicules qui ont des étamines, sans quoi les épis ne donneraient pas de graines.

Dans les plantes hermaphrodites (*où les étamines et les pistils sont réunis dans la même fleur*), on ne peut nier l'identité d'organisation de ce qu'on nomme étamines et pistils, avec les mêmes parties dans les fleurs monoïques ou dioïques; leur rôle est semblable.

On fait tous les jours, dans la culture, des fécondations artificielles en jetant du pollen d'une plante sur le stigmate d'une autre, quand les deux pieds sont du même genre ; la graine donne une plante semblable, quand ils sont d'espèces analogues ; mais de variétés différentes, le résultat est intermédiaire.

Il y avait au jardin des plantes de Berlin un palmier femelle qui fleurissait sans porter fruit, et à

Leipsick un pied mâle qui fleurissait aussi de temps en temps. Du pollen de celui-ci fut envoyé dans une lettre, on en saupoudra les pistils; et il existe aujourd'hui, dans le jardin de Berlin, un palmier qui provient de cette fécondation.

Nous obtenons une foule de variétés par des fécondations croisées de variétés différentes, mais toujours du même genre; ainsi : roses avec roses, géraniums avec géraniums, etc. On a soin seulement d'enlever les étamines de la fleur qu'on opère, avant l'ouverture de leurs anthères; parce que l'expérience a prouvé que le pollen de la plante même l'emporte toujours en action sur les pollens étrangers quand on le laisse parvenir aux stigmates.

Les fleurs complétement doubles ou pleines ont toutes les étamines et tous les pistils transformés en pétales; elles ne donnent pas de graines; les semi-doubles qui ont encore quelques étamines et pistils non transformés donnent quelques graines.

En mutilant une fleur, on peut la rendre stérile; il suffit de couper les étamines ou les pistils avant une certaine époque, et d'éloigner simultanément les fleurs de même espèce dont le pollen pourrait parvenir à celle que l'on mutile. En coupant un des styles, la portion d'ovaire ou carpelle qui lui correspond est frappée de stérilité.

Enfin la pluie et les brouillards qui ont lieu pendant la fleuraison font souvent manquer les fruits, ce qui s'explique très-bien si l'on observe que l'eau fait éclater les graines de pollen, et si l'on admet que le pollen doit tomber sur le stigmate à une certaine époque, pour que la fructification s'ensuive.

Mais cette poudre fécondante serait souvent perdue, car le vent, des circonstances imprévues contribuent à la disperser, et les plantes femelles ne sont toujours pas placées de manière à les recevoir.

Aussi, la Providence a tout prévu : la plante femelle a des mouvements naturels qui la portent à aider la fécondation.

Pour peu que l'on observe des fleurs avec attention, on s'aperçoit des mouvements de cette nature, et ils sont nombreux et variés.

Dans bien des cas, ce sont les étamines qui s'approchent des pistils, comme on le voit dans les *liliacées*, les *lins* et les *saxifrages*; la *fraxinelle* a dix étamines très-sensibles, éloignées du style d'environ 90°; lors de la fécondation, chaque étamine vient s'incliner vers le pistil, et couvre le stigmate de pollen; après l'explosion, elle se redresse et cède la place à une autre; le même phénomène a lieu dans la *rue*.

L'*amaryllis jaune* a six étamines qui, pendant la fécondation, se meuvent continuellement autour des pistils; ce mouvement est très-sensible à l'œil.

Dans la *germandrée*, ou *petit chêne*, la corolle pousse légèrement les étamines vers le stigmate et semble les inviter à cette réunion.

Les étamines des *épines-vinettes* se pressent contre les plantes femelles pour favoriser la fécondation ; si on les irrite avec la pointe d'une aiguille, elles font des mouvements brusques en se précipitant vers le pistil ; il en est de même des *épiaires* et des *cistes.*

Les étamines des *cactiers-raquette* laissent apercevoir des mouvements d'ondulation lorsqu'on les touche.

Quand les étamines sont plus courtes que les styles, comme dans la *couronne impériale* et les *campanules*, les stigmates se baissent tant que la fécondation n'est pas faite et ne se redressent qu'après. On observe la même chose dans la *nigelle*, le *laurier Saint-Antoine*, et la *passiflore;* les stigmates se penchent vers les anthères, et se redressent après avoir reçu leur poussière.

Dans la *capucine*, les huit étamines s'inclinent chacune à leur tour avec une espèce de régularité pendant trois jours ; le style des *stylidiées* est soudé dans toute sa longueur avec les étamines, et cet ensemble se rejette brusquement en arrière quand on le pique ; ce phénomène ne dure que pendant l'ouverture des loges des anthères.

Le résultat général de ces mouvements est de faire sortir le pollen, de le secouer dans l'air pour qu'il tombe sur le stigmate de la même fleur ou d'une fleur voisine.

Le pollen éclate d'une manière prématurée et inutile pour la fécondation quand il est atteint par l'humidité ou par l'humeur qui recouvre le stigmate; quelques fleurs s'ouvrent au moment de la rosée, et peut-être dans ce cas l'action de l'humidité entre dans le plan de la nature; d'autres espèces qui s'ouvrent à l'humidité comme au sec, et qui n'ont pas de protection spéciale contre son influence, sont manifestement contrariées dans leur reproduction par des pluies un peu abondantes; mais dans un grand nombre d'espèces, le pollen est abrité de quelque manière; ainsi, dans les *légumineuses*, les *campanulacées*, etc., l'émission du pollen a lieu dans le bouton. Plusieurs fleurs sont penchées, en sorte que la pluie n'y entre pas.

Les plantes aquatiques phanérogames sont toutes organisées de manière à éviter le contact des anthères avec l'eau; sans cette condition, de pareilles plantes ne pourraient pas exister; or, l'observation démontre que cette faculté existe dans la nature. Les fleurs s'épanouissent, tantôt dans des cavités pleines d'air, tantôt au-dessus de la surface des eaux.

Les *zostères*, fixés au fond de la mer, développent leurs fleurs dans une plicature des feuilles où se trouve de l'air produit par la plante. Le *plantain d'eau nageant*, et la *renoncule aquatique*, submergées de temps en temps, émettent leur pollen dans le bouton, lequel est plein d'air. Les *lentilles d'eau* flottent sur l'eau. Les *potamots*, les *nymphéacées*, etc., enracinés au fond de l'eau, élèvent leurs pédoncules ou leurs tiges au-dessus de la surface; dans la *châtaigne d'eau*, on voit, près de l'époque de la fleuraison, les pétioles se renfler en vessies natatoires pleines d'air et soulever la plante, qui jusqu'alors était au fond de l'eau. Après la fleuraison, ces mêmes vessies se remplissent d'eau et la plante redescend pour mûrir ses graines. Mais la plante la plus célèbre sous ce point de vue est la *vallisnère en spirale* dont Castel, dans son poëme des *Plantes*, a donné une description aussi exacte qu'élégante.

Elle croît dans les eaux du midi de l'Europe, fortement implantée dans la vase par ses racines; elle est dioïque; les pieds femelles sont munis de pédoncules, d'abord roulés en spirale, qui se déroulent ensuite jusqu'à la surface de l'eau; les fleurs mâles ont un pédoncule très-court, mais les boutons forment de petites vessies qui se détachent de leurs supports et viennent flotter autour des fleurs femelles; alors elles s'ouvrent, émettent leur pollen et meurent. Les fleurs femelles étant alors fécondées, enroulent de nouveau leurs longs pédoncules, et vont au fond de l'eau mûrir leurs graines.

Il est encore d'autres influences dans les fleurs qui ajoutent aux effets produits par la réunion des étamines et des pistils; par exemple, le calice et la corolle protégent évidemment les organes sexuels contre la pluie et les autres circonstances qui pourraient leur nuire.

Le calice, ordinairement vert, persistant, muni

de stomates (petites bouches ou pores placés à la surface), agit comme une feuille, et probablement le suc nutritif qu'il élabore n'est pas inutile au développement des organes reproducteurs. Les calices adhérents doivent surtout agir de cette manière, à moins que leurs limbes ne soient transformés en poils ou entièrement avortés.

Les pétales (ou divisions de la corolle polypétale) sont peu durables, rarement de couleur verte, munis de peu ou point de stomates ; ce qui fait penser que leur rôle diffère assez de celui des organes foliacés. En effet, leurs principales fonctions sont :

1° De former du gaz acide carbonique, en combinant leur propre carbone avec l'oxygène de l'air ;

2° De développer de la chaleur pendant cette opération ; ces deux fonctions importent au développement des ovules, ou petits œufs contenus dans l'ovaire. On assure que les fleurs périssent quand on retranche la corolle au commencement de la floraison, et, qu'au contraire, les ovules réussissent mieux si on la coupe un peu plus tard. Th. de Saussure a examiné ce point de chimie végétale :

« Ayant placé des fleurs à l'obscurité dans un récipient d'air fermé par du mercure, il a pu mesurer le volume d'oxygène consommé, et il l'a comparé, pour la durée de vingt-quatre heures, au volume de chaque fleur expérimentée, la température étant de 12 à 15° centigr. Les fleurs de la *tubéreuse* ont donné en acide carbonique *onze fois* leur volume, et les feuilles *quatre fois;* les fleurs du *datura en arbre, neuf fois* leur volume, et les feuilles *cinq fois;* les fleurs de la *passiflore à feuilles serrées, dix-huit fois et demie,* et les feuilles *cinq fois un quart;* celles du *lis blanc, cinq fois,* et les feuilles *deux fois et demie.* »

Ainsi les fleurs consomment plus de gaz oxygène que les feuilles à l'obscurité.

Il a constaté aussi que les organes sexuels en emploient plus que le reste de la fleur, à proportion de leur volume, et que cette différence varie de 1/10 à 1/12 de ce que consomment les fleurs entières.

Les fleurs simples consomment plus que les fleurs doubles, les organes mâles plus que les femelles; les hampes florales des *gouets* et le cornet qui les entoure sont les organes qui offrent au plus haut degré le dégagement de gaz acide carbonique; la partie de la hampe qui porte les fleurs femelles emploie jusqu'à trente-deux fois son volume; ce phénomène est lié à une production de chaleur.

Ce dégagement de chaleur sur le *gouet d'Italie* commence à trois heures après midi, atteint son maximum à cinq heures, et cesse à sept heures; le *gouet vulgaire* atteint jusqu'à 7° au-dessus de l'air ambiant; à l'Ile-de-France, le *gouet à feuilles en cœur* atteint jusqu'à 44 et 49°, l'air étant à 19°. M. de Saussure, au moyen d'un thermoscope sensible, a trouvé une élévation d'un 1/2° centigrade dans la fleuraison de la *citronnelle*, et il a constaté une élévation de température analogue dans d'autres plantes.

On considère ce développement de chaleur comme utile à la fécondation, en accélérant le mouvement des granules polliniques.

M. Raspail compare ce phénomène à ce qui se passe dans l'acte de la germination où il y a aussi présence de fécule, développement de chaleur par le dégagement de gaz acide carbonique et formation de suc sucré; l'excrétion sucrée des nectaires (petites glandes situées sur le pédoncule des fleurs) est l'indice d'une transformation intérieure de fécule en sucre, lequel sert à la nourriture des ovules, comme dans la germination il sert à celle de la jeune plante. L'usage des nectaires a donné lieu à beaucoup de recherches, sans résultat bien clair, parce que ce nom cache des organes bien différents ; on a coupé les nectaires de plusieurs fleurs, et tantôt elles en ont souffert, tantôt elles n'ont pas paru en être affectées. Dans la majorité des cas, le nectar est sécrété au fond de la fleur, loin du pollen et des stigmates ; c'est ce qui a fait naître l'idée que le transport du pollen sur le pistil s'opère toujours au moyen d'insectes attirés dans la fleur par le nectar qui s'y trouve très-profondément placé.

Ainsi la preuve qu'il doit arriver fréquemment que les insectes et l'agitation de l'air déterminent la chute du pollen sur le stigmate, c'est que les plantes en serre fructifient mal. Cependant il est difficile de croire que des accidents soient nécessaires à la vie des êtres organisés ; ce serait expliquer une loi bien générale, la reproduction sexuelle, par une cause bien secondaire.

## IV

### Maturation des fruits et des graines.

Aussitôt que les ovules ont été fécondés, ils grossissent d'une manière plus évidente que dans la période qui a précédé. Les cultivateurs disent alors que le fruit est noué. A cette époque, la séve se détourne des autres parties de la fleur, attirée vers les ovules par suite de leur nouvelle vie.

Quand ceux-ci sont nombreux, ils ne se développent pas tous; par exemple, dans le *marronnier*, il y a pendant la fleuraison six ovules, et l'on sait qu'à la maturité il ne reste qu'une graine. Ces avortements ne sont pas rares; ils viennent tantôt d'une fécondation imparfaite des ovules, tantôt de ce que certains ovules, fécondés avant les autres, ou qui, par une cause quelconque, prennent un développement plus rapide, attirent à eux tous les sucs nourriciers.

Les branches qui portent des fruits attirent à elles

une plus grande quantité de séve que celles qui n'ont que des feuilles. Les *orangers* auxquels on laisse des fruits en hiver gèlent plus facilement que les autres, parce qu'ils ont plus de séve, et que le tissu chargé d'eau souffre aisément du froid.

La durée de la maturité des fruits varie beaucoup; cette période est généralement plus courte dans les plantes annuelles que dans les plantes vivaces.

Ainsi il s'écoule, entre la fleuraison et la maturité :

Treize jours pour le *panic vert;*

Quatorze jours pour l'*agrostis lobée* et l'*avoine des prés;*

Seize à trente jours pour la plupart des autres graminées;

Deux mois pour le *framboisier*, le *cerisier*, le *fraisier*, l'*ormeau*, les *pavots*, etc.;

Trois mois pour le *réséda jaune*, la *chélidoine*, le *tilleul;*

Quatre mois pour le *marronnier*, l'*aubépine;*

Cinq à six mois pour la *vigne*, les *pommes*, les *poires*, le *noyer*, le *hêtre;*

Sept mois pour l'*olivier*, le *chêne rouvre*, etc.;

Huit à neuf mois pour le *gui*, le *colchique d'automne;*

Dix à onze mois pour la plupart des *pins;*

Une année et même deux pour le *genévrier* et plusieurs autres arbres fruitiers.

Le fruit est essentiellement composé de deux parties : une extérieure qui formait autrefois les parois de l'ovaire et que l'on nomme maintenant péricarpe ; une intérieure formée des ovules devenus, dans le fruit, des graines.

### De la maturité du péricarpe.

Les péricarpes, qui sont de couleur verte, d'une consistance membraneuse, et munis de stomates, se comportent comme les feuilles ; ils finissent par prendre les mêmes teintes : le jaune ou le rouge et quelquefois le bleu.

Quand ils sont privés de stomates, ils sont charnus par suite de la surabondance d'eau ; pendant l'époque où ils sont verts, ils se comportent à l'égard de l'air, au soleil et à l'obscurité, comme des feuilles, seulement avec moins d'intensité dans les actions chimiques.

En particulier, ils combinent dans leur propre tissu une certaine quantité d'eau de végétation, car il ne s'en exhale qu'une faible dose.

La nature des fruits charnus ne tient pas à la séve absorbée, car les spongioles absorbent tous les mêmes liquides ; nous voyons que des arbres fruitiers différents peuvent se nourrir de la même eau ; il se passe dans le tissu quelque chose d'analogue aux sécrétions, et par des causes entièrement inconnues ; par exemple, les cellules du citron se remplissent d'un suc acide, celles de l'orange d'un liquide sucré, etc.; dans les pêches et les poires, il est impossible de distinguer ce qui est dans l'intérieur ou entre les cellules.

L'observation montre que la lumière colore les fruits, que la chaleur accélère leur maturité, de même que la piqûre des insectes. La caprification des figues fait obtenir deux récoltes dans l'année; dans cet exemple, il ne paraît pas que la qualité en souffre, tandis que les pommes véreuses sont hâtives et mauvaises.

Une attention importante dans la culture est d'obtenir de la chaleur et d'éviter le froid; pendant la maturité, on se trouve bien de mettre les fruits dans des sacs de crin, sous des cloches, ou contre un espalier noirci qui s'échauffe au soleil.

On a observé aussi que le repos convient aux fruits ; et c'est en partie ce qui fait qu'ils grossissent plus en espalier qu'en plein vent.

Trop d'humidité vers la fin de la maturité les rend insipides.

Les fruits d'automne mûrissent mieux détachés parce qu'ils ne reçoivent plus de séve aqueuse, laquelle dérange l'élaboration intérieure des sucs ; ces divers détails indiquent une absorption locale faite par le parenchyme (la chair du fruit) et un travail chimique indépendant du reste de la plante.

Les sucs nourriciers ne redescendent pas du fruit, car cela les ferait couler, selon l'expression des cultivateurs ; l'incision annulaire des branches à fruit, faite au moment de la fleuraison, prévient cet accident ; on l'a essayée en grand sur la vigne, et on a vu qu'elle avance la maturité de dix à quinze jours.

L'analyse des fruits charnus a fait l'objet d'un travail important de M. Bérard ; il montre que la partie solide est de la lignine, et que les liquides sont composés d'eau, de gomme, d'acide malique, de malate de chaux, de matières colorantes, de matières végéto-animales, et d'une substance aromatique spéciale à chaque fruit.

Dans les fruits, la proportion d'eau diminue à mesure que la maturité avance, ainsi :

| | Sur 100 parties. |
|---|---|
| Les abricots en ont, à maturité. . . . . | 74 |
| — avant la maturité . | 89 |
| Les pêches, à maturité. . . . . . . . . | 80 |
| — avant la maturité. . . . . . | 90 |

Au contraire, le sucre augmente, ainsi sur 100 parties, il en a, dans les

| | verts. | mûrs. |
|---|---|---|
| Abricots . . . . . . | 6 1/2 | 16 1/2 |
| Groseilles rouges. . . | 0 1/2 | 6 |
| Cerises . . . . . . . . | 1 | 18 |
| Prunes reine-claude. . | 17 3/4 | 24 |

L'acide malique va en diminuant dans les abricots et les poires, et en augmentant dans les groseilles et cerises, prunes et pêches ; la gomme diminue dans les groseilles, cerises, prunes et poires, et va en augmentant dans l'abricot et la pêche.

Vers la fin de la maturité, les fruits charnus pourrissent ou passent à l'état de *fruit blet*, ce qui a lieu par le moyen de l'oxygène de l'air; en effet, tous les fruits, à cette époque, forment du gaz acide carbonique avec leur carbone et l'oxygène de l'air, et dégagent en outre une certaine quantité d'acide carbonique. On empêche ces effets, et, par conséquent, on conserve les fruits en les mettant dans des bocaux privés d'air, ou du moins d'oxygène. Le *bletissement* est un état spécial des pommes, des poires, nèfles, etc.

Passons maintenant aux graines et voyons comment elles arrivent à leur maturité.

Ce qui constitue la maturité des graines, c'est que l'eau qu'elles contenaient a changé d'état, s'est transformée, par l'adjonction d'autres substances, en fécule, huile, etc.

Le carbone et les matières terreuses dominent dans les enveloppes, comme la fécule et l'huile dans l'albumen et l'embryon.

La plupart des graines mûres sont plus pesantes que l'eau; cependant il y en a de plus légères, comme celles de la *capucine*, de *certaines ombellifères*, mais cela tient presque toujours à des enveloppes dans lesquelles l'air se cache; le remplacement de l'eau par des matières solides, terreuses, etc., donne aux graines la faculté de se conserver, de résister à la chaleur et au froid, comme elles le font d'une manière si remarquable.

Ce sont les *placentas*, c'est-à-dire les réceptacles charnus, ou les péricarpes, qui fournissent à la graine les sucs nutritifs dont elle a besoin; aussi la maturité épuise les plantes au point de tuer celles que l'on nomme *monocarpiennes*, c'est-à-dire qui ne portent graine qu'une fois.

## V

### De la dissémination des graines ou des fruits et de leur durée.

A l'époque de la maturité, ou un peu plus tard, les graines se séparent de la plante; cette fonction est analogue à la ponte des œufs; en effet, les plantes phanérogames peuvent être comparées aux animaux ovipares; l'embryon, c'est-à-dire la jeune plante, ne se détache jamais de la plante mère sans être enveloppé de membranes, et souvent même entouré d'un magasin de nourriture (*albumen*) qui constituent la graine; celle-ci est donc analogue aux œufs; il y a même des végétaux où les précautions conservatrices de la graine vont bien au delà, car les graines se trouvant contenues dans des enveloppes indéhiscentes ou adhérentes aux organes de la mère plante, se détachent avec ces organes; c'est ce qui arrive quand la graine est soudée au péricarpe, et que celui-ci est indéhiscent, bien plus encore, quand le calice et le péricarpe sont soudés en même temps entre eux et avec la graine, comme dans les oruses.

Donc, quand les fruits sont parvenus à leur dernier degré de maturité, la nature, pour assurer la propagation des espèces, n'a plus qu'à mettre les semences dans des circonstances favorables à leur développement futur; c'est le but qu'elle se propose dans la dispersion des graines, qui s'opère par une foule de voies différentes.

Certains péricarpes s'ouvrent avec élasticité et lancent les graines à des distances plus ou moins considérables : le *sablier*, la *balsamine*, la *fraxinelle*, etc.; beaucoup de graines minces et légères sont facilement emportées par les vents; c'est ainsi que les semences membraneuses de l'*orme* et de l'*érable*, les graines à aigrette de la vaste famille des *synanthérées*, voyagent dans les airs souvent à des distances prodigieuses; la *vergerette* (*érigéron du Canada*), qui infeste tous les champs de l'Europe, a été transportée d'Amérique par les vents. Les fleuves et les eaux de la mer servent aussi à l'émigration lointaine de certains végétaux; c'est le courant des mers qui a propagé le coco des Maldives aux îles Séchelles. Il n'est pas rare de voir aborder sur les côtes de l'ancien continent les longues gousses des *casses* et des *mimosas* du nouveau monde. J'ai trouvé, sur les bords de la Manche, près le Havre, la *soude commune* et l'*épineuse*, qui nous viennent d'Espagne par les courants.

Il est des plantes qui s'accrochent aux vêtements de l'homme, aux toisons des animaux, par exemple, le *grateron*, *l'aigremoine*; d'autres, entraînées dans les demeures souterraines des animaux qui s'en nourrissent, y sont abandonnées et s'y développent dans des circonstances favorables; d'autres graines conservent leur propriété reproductive après avoir passé par le canal digestif des oiseaux; c'est ainsi que le *cannellier* s'est toujours propagé dans les Moluques, malgré les efforts des Hollandais; chez nous, les semences du *gui* sont dispersées de la même manière par les grives; quelquefois un événement fortuit fait germer des plantes loin de leur sol natal; c'est au naufrage d'un vaisseau qui revenait du Japon, que l'île de Guernesey doit sa belle espèce d'*amaryllis* connue sous le nom de *gernesienne*.

C'est le cas de vous citer encore quelques lignes du *Génie du christianisme*; M. de Chateaubriand, au sujet de la migration des graines et des plantes, dit :

« En mettant les sexes sur des individus différents, dans plusieurs familles de plantes, la Providence a multiplié les mystères et les beautés de la nature; par la loi des émigrations, qui se reproduit dans un règne qui semblait dépourvu de toute faculté de se mouvoir, tantôt c'est la graine ou le fruit, tantôt c'est une portion de la plante, ou même la plante entière qui voyage. Les cocotiers croissent souvent sur des rochers au milieu des mers; quand la tempête survient, leurs fruits tombent et les flots les roulent à des côtes habitées, où ils se transforment en beaux arbres; symbole de la vertu qui s'élève sur des écueils exposés aux orages, plus elle est battue des vents, plus elle prodigue des trésors aux hommes. »

La fécondité des plantes n'est pas une des causes les moins puissantes de leur reproduction; un seul pied de maïs a donné jusqu'à 2,000 graines, et on en a compté 32,000 sur un pied de pavot; 40,000 sur une massette; 36,000 sur un pied de tabac; un orme peut en fournir par an 549,000; qu'on se figure la propagation toujours croissante de ce nombre jusqu'à la dixième génération, et l'on s'étonnera que toute la surface de la terre ne soit pas envahie par les végétaux; mais plusieurs causes tendent à neutraliser les effets de cette surprenante fécondité, qui nuirait bientôt, par son excès même, à la reproduction des plantes; l'homme, les animaux qui s'en nourrissent, en détruisent une prodigieuse quantité, et il s'en faut de beaucoup que toutes les semences soient placées dans des circonstances favorables à leur développement.

Tout cela a été fait pour le mieux, et la Providence a réglé tout de façon que rien ne puisse nuire à l'homme, qui n'a plus qu'à savoir profiter de tous ces bienfaits.

Avant de vous parler de la durée des graines, je

vous ferai part d'une observation que j'ai faite sur une plante de nos climats qui présente une singularité assez remarquable, c'est le *trèfle semeur* ou *enterreur*, qui, lorsque ses ovaires sont fécondés, les enfonce en terre pour y mûrir ses graines; et ce qui est plus singulier encore, c'est que, si le temps est pluvieux, les divisions des calices se changent en racines et chaque petite tête de fleurs reproduit un végétal semblable à la plante mère. Ce phénomène se rencontre également dans certaines véroniques.

### De la durée des graines.

La faculté de germer se conserve d'autant mieux que les graines sont plus mûres, qu'elles sont moins exposées aux accidents qui les altèrent et aux causes qui détermineraient leur germination, savoir : l'humidité, l'oxygène et la chaleur réunis.

Certaines graines, exposées aux éléments, perdent assez vite leur vitalité.

On sait, par exemple, qu'il faut semer le *café* et la plupart des *rubiacées*, comme les *laurinées*, les *myrtacées*, très-peu de temps après que la graine a mûri; les glands des chênes d'Amérique perdant ordinairement, dans la traversée, la faculté de germer, il convient de les semer en caisse à bord du vaisseau.

Il y a, au contraire, beaucoup de graines qui se

conservent pendant un grand nombre d'années et qui dureraient peut-être indéfiniment, si elles étaient complétement à l'abri de l'oxygène ainsi que des variations de température et d'humidité, aussi les procédés pour la conservation des graines ne sont dignes d'attention qu'autant qu'ils sont dirigés dans ce but.

Quand on abat les forêt les plus anciennes, on voit naître une foule de plantes nouvelles, rares quelquefois dans le pays, et dont les graines ont dû être accumulées, sans germer, depuis longtemps. On observe la même chose dans certains travaux de terrassement, qui exposent à l'air de nouvelles couches de terrain. On a vu le *datura pomme épineuse* reparaître après vingt-cinq ans dans un fossé qu'on avait comblé, puis déblayé. M. Thouin, professeur au jardin des Plantes de Paris, a semé une graine d'*entade grimpante*, trouvée sous les racines du plus vieux marronnier de Paris, elle a germé et vécu au jardin des Plantes. Les haricots peuvent se conserver très-longtemps, par exemple, soixante ans. On a fait lever des graines de sensitive conservées dans des bocaux pendant plus de cent ans. Il n'y a pas de terme pour la durée des graines une fois abritées. On a trouvé des grains de blé encore féconds après cent quarante ans; les graines huileuses demandent, en général, à être semées de suite, parce qu'elles se rancissent, ce qui peut altérer et même détruire tout l'embryon.

Boutures et Marcottes.

On rapporte qu'à la suite d'un incendie arrivé à Londres, peu de temps après les murs furent couverts d'une plante appelée *sisymbre irio*; on ajoute que cette plante était rare et éloignée de cette ville; les graines s'étaient sans doute conservées dans le mortier.

Un événement semblable a eu lieu à Versailles, on abattit une tour très-ancienne, dont les décombres se couvrirent bientôt de ce *sisymbre.*

La surface de la terre est imprégnée de graines qui y sont comme en dépôt et qui n'attendent, pour se développer, qu'une occasion favorable. Quant aux graines trouvées dans les catacombes d'Égypte, ou dans les greniers des Romains, à leur apparence elles ne semblent pas altérées, et quelques-unes peuvent germer.

La germination de quelques graines est prompte, il en est d'autres où elle est très-lente. Adanson a observé que le millet et le blé germent au bout de huit jours; le haricot, le navet, l'épinard, au bout de trois jours; la laitue, au bout de quatre jours; le cresson, le melon, la courge, au bout de cinq jours; l'orge, dans sept jours; l'arroche, dans huit jours; le pourpier, dans neuf jours; le chou, dans dix jours; l'hysope, au bout d'un mois; le persil, au bout de quarante à cinquante jours; l'amandier, le pêcher, le châtaignier, au bout d'une année; le cornouiller, le rosier, l'aubépine, le noisetier, au bout de deux ans.

## VI

### De la germination, des ressemblances et des dissemblances dans la reproduction des végétaux.

On donne le nom de *germination* à la série des phénomènes par où passe une graine qui, parvenue à sa maturité et mise dans des circonstances favorables, tend à développer l'embryon qu'elle renferme. L'embryon sort alors de la torpeur où il se trouvait, abandonne les enveloppes qui le protégeaient et devient une plante qui végète et grandit par ses propres moyens; ce phénomène répond au développement du jeune animal dans l'œuf et à sa sortie. Le premier effet apparent de la germination est le gonflement de la graine et le ramollissement des enveloppes qui la recouvrent. L'embryon, dès le moment où il commence à se développer prend le nom de *plantule*; ses deux extrémités croissent constamment en sens inverse; la *gemmule*, qu'on nomme *caudex ascendant*, se dirige vers les régions de l'air et de la lumière; la *radicule*, ou *caudex descendant*, tend, au contraire, à s'enfoncer dans la terre. La substance solide des corps nommés cotylédons qui l'enveloppent se liquéfie; elle devient laiteuse, et sert d'alimentation à la plantule, tandis que la radicule, en pénétrant dans la terre donne naissance à de petites ramifications déliées, la tigelle s'allonge et soulève les cotylédons, bientôt la gemmule est libre et découverte; les petites folioles qui la composent s'étalent et s'agrandissent, deviennent vertes et commencent déjà à puiser dans l'atmosphère une partie des fluides qui doivent alimenter la jeune plante.

Dès lors la germination est terminée et la seconde époque de la vie du végétal commence.

C'est véritablement comme dans l'enfance des animaux; lorsqu'ils arrivent à la lumière, ils sont bien faibles; un accident, le chaud, le froid, peuvent les faire périr; il doit, à plus forte raison, en être de même pour les jeunes plantes, un rien peut les détruire.

Mais la Providence a tout prévu, et les hommes ont inventé des moyens factices pour avancer ou protéger la germination.

Trois choses sont essentiellement nécessaires au succès de la germination : la chaleur, l'air et l'eau; tous les degrés de chaleur ne sont pas indifférents pour les semences; au-dessous de zéro du thermomètre, le développement n'a pas lieu; au-dessus de

45°, l'avortement est complet ; le degré le plus convenable se trouve entre 20 et 30°.

L'influence de l'air sur les graines est très-remarquable ; il agit surtout par l'oxygène qu'il contient, car les semences qu'on met en contact avec ce gaz sont singulièrement activées. Des graines de *cresson alénois*, trempées dans une dissolution de chlore, germent en cinq ou six heures, tandis que dans l'eau pure elles ont besoin de trente-six heures pour arriver au même résultat. On rend à des semences très-vieilles leur faculté germinative en les mettant dans la même dissolution; il est à remarquer que les semences, pour lever, ne veulent point être soustraites aux influences atmosphériques, ni trop enfoncées en terre ; l'eau est aussi nécessaire et même indispensable à la germination. Ce liquide, en s'introduisant dans l'intérieur de la semence, délaye l'albumine, gonfle les cotylédons, ramollit toutes les parties, dissout la matière nutritive et en facilite l'assimilation. L'expérience prouve que les graines ne germent pas sans eau ; on sait que des graines, conservées dans de la terre sèche, y restent dans un repos absolu; c'est le moyen employé communément pour les garder saines depuis l'automne jusqu'au printemps; mais si l'humidité est indispensable, elle ne doit pas être excessive, autrement les semences pourrissent ; la lumière, loin de hâter le développement de l'embryon, le ralentit sensiblement. Le sol n'influe sur la germination qu'en présentant un point d'appui à la graine, et en lui transmettant la chaleur, l'eau et l'air qu'il contient, aussi peut-il être remplacé avec succès par une éponge humide.

Avec une belle et forte éponge humide, remplie de graines, on peut faire sur sa fenêtre le plus délicieux petit jardin.

Il y a des moyens pour activer la végétation; on peut employer l'influence des alcalis et de l'électricité sur la germination; les alcalis la favorisent singulièrement; ainsi, des graines placées dans de l'eau alcaline de potasse ou de soude, à la température de 15 à 18° centigr., germent dans l'espace de trente heures, tandis qu'elles germent plus tard dans l'eau; les mêmes graines, mises en contact avec les acides nitrique et sulfurique, ne germent qu'après sept à huit jours; un fait digne d'attention, c'est que ces mêmes graines qui ont germé dans la solution alcaline sont acidulées dans l'intérieur.

Passons à un autre ordre de faits non moins intéressants, l'absorption de l'albumen, par exemple, qui a tant d'analogie avec l'allaitement des animaux, et cependant il n'y a pas de communication directe entre le dépôt farineux et l'embryon; comme la radicule sort la première du *spermoderme* ou *peau de la graine*, avant même la disparition de l'albumen, il faut que celui-ci, devenu plus liquide, soit absorbé par la partie supérieure de la jeune plante; on peut voir, en effet, que les cotylédons restent coiffés des enveloppes de la graine, jusqu'à ce qu'elles ne contiennent plus rien; une pareille absorption de nourriture par une surface foliacée a lieu pour l'asperge et l'ail, ce qui est digne de remarque.

Cependant, on peut couper une partie de la radicule ou de la plumule, sans que la plante meure, sans que la germination soit empêchée, ce qui résulte d'expériences répétées; doit-on en conclure que le collet, c'est-à-dire cette partie de la plante où finit la racine, et où commence la tige, soit un nœud vital, d'une nature mystérieuse? Il est plus naturel de penser que la vie est partout dans le végétal, mais qu'il ne peut la soutenir longtemps que lorsqu'il a une racine et une tige; dès que l'un de ces organes manque, l'organe qui reste tend à reproduire ce qui lui manque; la racine produit une tige, et la tige une racine.

Ainsi on pourrait déplanter un arbre, plonger la tête et les branches dans une terre humide, bientôt les racines deviendraient des branches et les branches des racines; ce qui arriverait au bout d'un certain temps, surtout pendant la belle saison.

Nous allons nous occuper maintenant de la ressemblance des végétaux avec ceux qui les ont produits.

C'est une loi universelle dans les deux règnes organisés que les individus ressemblent plus ou moins à ceux dont ils proviennent. C'est même d'après ceci que sont fondées en grande partie ces distinctions d'espèces, de races ou de variétés, qui servent de base à toutes classifications et descriptions des naturalistes ; les traits de ressemblance sont plus ou moins nombreux, plus ou moins importants, plus ou moins permanents, d'une génération à l'autre ; mais cela n'altère pas le principe de l'hérédité des formes.

Cette ressemblance doit être plus exacte que dans le règne animal, car toutes les plantes se ressemblent à peu près, sauf les fleurs ou les fruits.

Cette ressemblance est souvent difficile à établir dans le règne végétal, car la reproduction n'a pas lieu seulement par fécondation, mais aussi par division ; ce dernier mode est très-fréquent, surtout parmi les espèces cultivées, de là une complication plus grande quand il s'agit d'étudier, dans les végétaux, les ressemblances et dissemblances des êtres qui se succèdent ; de là aussi la nécessité de distinguer, dans cette recherche, les produits de la division de ceux de la reproduction sexuelle.

Cette distinction de la ressemblance et de la dissemblance dans la reproduction par division appelle notre attention.

Si toutes les parties d'un même végétal étaient rigoureusement semblables, et si les circonstances extérieures du sol, de climat, de position, etc., restaient pour les produits divisés exactement ce qu'elles sont pour la plante mère, sans doute ces produits seraient parfaitement semblables à la plante dont ils proviennent; mais les choses ne se passent point ainsi dans la nature.

Les bourgeons d'un même pied ne sont pas identiques; il y en a qui sont mieux placés pour se développer, mieux nourris, plus précoces ou plus tardifs, etc.; il en est de même parmi les tubercules, les bulbilles et les branches dont on fait des boutures. Voilà une source de différences légères, il est vrai, parmi les produits extraits d'un même pied; ces différences et leurs causes passent souvent inaperçues, cependant, nous voyons bien, par exemple, que les plus gros tubercules de pomme de terre doivent produire les pieds les plus vigoureux; que certaines branches valent mieux que d'autres pour les boutures, etc. Ce que je dis des différences habituelles d'une partie à l'autre d'un même végétal, on peut le dire aussi des différences accidentelles ou monstruosités, qui se produisent de temps en temps. Ainsi, qu'une branche présente des feuilles recourbées sur elles-mêmes, comme dans le *saule annulaire*, les jardiniers se hâtent d'en tirer des greffes ou des boutures; la forme nouvelle est ainsi conservée et propagée; de même en choisissant tel tubercule de pomme de terre qui offre quelque particularité, on reproduit souvent des pommes de terre semblables à celle qui offre cette particularité.

Ces modifications s'appellent des *variétés*; leur caractère est de se transmettre par division de la plante.

Les botanistes réservent les termes de *variations* aux légères différences que peuvent présenter successivement un même pied, ou simultanément deux pieds semblables, selon les circonstances extérieures où ils se trouvent ; ainsi un *néflier sauvage épineux* perd ses épines quand on le transplante dans un meilleur terrain. Une plante qui croît avec de larges feuilles et peu de poils, dans un endroit humide et obscur, prend de petites feuilles et plus de poils si on la transporte dans un lieu sec et éclairé. Ces différences se voient de même si l'on place diversement deux pieds originairement semblables, ou si l'on place une bouture sous d'autres conditions que la mère plante. Le caractère des variations n'est pas seulement de provenir des circonstances extérieures, mais aussi de ne pas se transmettre par divisions.

Les produits divisés peuvent donc différer de la plante mère, soit parce qu'ils ont été pris sur une partie qui offrait quelque modification, laquelle devient l'origine d'une variété, soit parce que les circonstances extérieures étant autres pour les produits que pour la plante mère, ils suivent une série de variations différentes.

La cause des variations est toute naturelle ; l'origine des variétés est bien difficile à comprendre ; il est probable que les variations qui se sont déterminées avec un certain degré d'intensité et de durée deviennent des variétés. C'est l'opinion pour ainsi dire instinctive des cultivateurs ; on peut, ce me semble, la préciser et la motiver en s'appuyant sur la culture de la vigne.

Cette plante ne se cultive que de boutures, depuis un temps immémorial; cependant, elle a produit une infinité de modifications de couleur, saveur, qualités, etc., qui sont de vraies variétés transmissibles par division. Dans cet exemple, on ne peut recourir ni à des fécondations croisées, ni à des modifications produites par des graines ni même à la greffe, puisque ces moyens de reproduction ne sont pas usités pour la vigne, et que dans nos régions, où il se produit toujours de nouvelles variétés, cette plante ne se sème guère d'elle-même.

Pour comprendre ce fait, il faut admettre que les variations deviennent d'autant plus permanentes, que les causes par lesquelles elles ont été produites ont elles-mêmes duré plus longtemps, ou ont agi avec plus d'intensité. Un arbre sauvage épineux ne perd pas ses épines d'une année à l'autre quand il est posé dans un bon terrain, il lui faut quelques années pour céder à de nouvelles circonstances.

Étendons ce fait et nous concevrons que, dans un vignoble, une culture et un climat semblables pendant quelques siècles ont imprimé aux variations un caractère de fixité qui équivaut presque à la permanence des espèces. On ne concevrait pas comment, sans cela, les vignes que les armées romaines ont introduites autrefois en France, en Allemagne, etc., se trouveraient aujourd'hui si diverses, et comment toutes ces variétés se conserveraient d'une manière si remarquable dans les pépinières où l'on a soin de les réunir et de les cultiver uniformément.

Le passage des variations aux variétés paraît moins improbable si l'on part de ce fait, que telle variation de forme intérieure ou extérieure des organes, produite par les circonstances d'une époque, influe sur la nature des organes qui se produisent, et que ceux-ci influent à leur tour sur les bourgeons subséquents; si la variation a modifié un organe important, comme la tige, elle aura par cela même influé sur les fruits, et sur le bois de l'année suivante.

### Des ressemblances et dissemblances dans la reproduction par graines.

Il est naturel de penser que les individus qui proviennent de graines peuvent différer de la plante mère beaucoup plus que ceux qui en sont simplement séparés; la division ne peut qu'étendre un même pied; la reproduction développe un nouvel être. Dans le premier mode, l'identité entre la plante mère et les individus produits paraît toute simple, et l'on s'étonne qu'elle ne soit pas toujours complète; dans le second, le lien qui existe entre les corps producteurs et les germes est si inconnu, si mystérieux, que rien n'indique *à priori* que les générations successives doivent se ressembler. C'est l'observation qui nous l'apprend.

Les traits principaux qui caractérisent l'espèce se conservent, il est vrai, car en semant du blé on obtient du blé, etc. On a même la preuve historique de la conservation de certaines espèces pendant deux ou trois milliers d'années ; les plantes, mentionnées par les Grecs et les Romains, se reconnaissent aujourd'hui, quand leurs formes ont été bien décrites : les noms mêmes se retrouvent dans le grec moderne et l'italien. Les plantes d'Egypte, figurées ou conservées dans les tombeaux avec les momies, vivent aujourd'hui dans le même pays ; on a reconnu plus de quatre-vingts espèces dans les restes de l'ancienne Égypte. M. Passalacqua a reconnu de même diverses plantes bien connues de nos jours, des couronnes de feuilles d'olivier, des grains de blé, dans les objets dessinés ou déposés il y a trois mille ans dans les catacombes d'Égypte ; les zoologistes ont des preuves analogues de la durée des espèces.

La ressemblance va même plus loin dans bien des cas ; non-seulement les traits principaux de l'espèce se renouvellent, mais encore certaines individualités produites une fois par une cause quelconque. Ainsi, quand une *jacinthe est blanche*, ou une *digitale*, un *pavot*, l'expérience a appris que presque toutes les graines donnent des fleurs également blanches.

La plupart de nos arbres fruitiers à saveur douce ne donnent de semis que des sauvageons à fruits acides, assez peu abondants, etc., qu'on est forcé de greffer. C'est que plusieurs de ces qualités agréables, dans les plantes, tiennent à des variétés et non à des races ; au contraire, la saveur sucrée des melons est de race, car on a soin de semer les graines des meilleurs. Il y a une foule de cas où l'on ignore ce qui est race ou variété.

Il semble que les races n'ont pas toujours le degré de permanence des espèces, ainsi les melons et les légumes, dont on tire la graine de localités privilégiées, dégénèrent souvent, dans nos jardins, au bout de quelques générations.

Il est vrai que l'on peut dire, dans ce cas, que des inflnences nouvelles ont produit des variations défavorables, indépendantes de la race. Des chevaux arabes élevés en Europe ne valent pas leurs pères, mais sont autres que nos chevaux, d'où l'on conclut qu'il y a une race de chevaux arabes et que cette race peut se modifier sous l'empire de nouvelles circonstances. L'origine des races est encore plus obscure que celle des variétés, parce qu'elle peut être double ; une race peut provenir, en effet, ou de quelque variation qui influe sur la reproduction ou de la fécondation.

Le premier cas est celui des *digitales blanches*, des races de *pavots blancs* ou *panachés ;* sans doute une cause étrangère aux organes sexuels, mais qui influe aussi sur eux, a changé accidentellement la couleur ou la forme de la corolle, et cette modification a pu se transmettre par les graines ; c'est donc une origine analogue à celle des variétés, c'est un passage de l'état de variation ou de variété à celui de race.

Le second cas se voit dans ce qu'on appelle fécondations croisées; lorsque le pollen d'une plante tombe sur une plante analogue, il peut se produire une race intermédiaire. Souvent, il est vrai, le pollen peut tomber sur une autre fleur sans que la fécondation s'opère, parce qu'il faut pour cela : premièrement, que les plantes soient très-analogues, qu'elles soient des espèces voisines et du même genre; deuxièmement, que les étamines manquent ou aient été enlevées dans la fleur sur laquelle arrive le pollen, car, sans cela, le pollen de la fleur même l'emporte sur l'autre, quelles que soient leurs qualités relatives. Enfin, la fécondation s'opère, mais il arrive souvent que l'hybride engendré ne peut pas se reproduire lui-même. Le mot hybride veut dire né de deux espèces bien distinctes.

Ces diverses causes rendent les races hybrides beaucoup moins nombreuses dans la nature qu'on ne pourrait le supposer; on en fait artificiellement dans les jardins; mais de spontanées on en connaît très-peu dont l'origine hybride soit certaine.

Les ressemblances entre les hybrides et les espèces qui les ont produites ont donné lieu à des recherches intéressantes; on a vu, dans les *amaryllis hybrides* produites, un grand nombre où le feuillage et la tige ressemblaient ordinairement à la mère et la fleur au père.

Il y a dans les hybrides, après une ou deux générations, une tendance à retourner à l'une des formes des espèces primitives. On voit aussi, dans l'espèce humaine, des enfants qui ressemblent à leur aïeul ou aïeule plus qu'à leur père et mère.

Les hybrides entre espèces sont rares dans la nature, et produisent plus rarement encore des races intermédiaires; il n'en est pas de même des hybrides entre des variétés ou races d'une même espèce; l'analogie intime étant alors très-grande, le croisement a lieu bien plus facilement; les horticulteurs multiplient aisément les variétés ou races de *rosiers*, *pélargoniums*, *œillets*, etc.; et il est probable que, dans la nature, ces fécondations entre individus de la même espèce sont très-communes. Voilà peut-être la source la plus abondante des variétés et des races, et la cause la plus claire de confusion entre les espèces.

On accroît le nombre des variétés ou des races en semant des graines, soit après avoir fécondé la fleur avec le pollen d'une certaine espèce ou variété, soit un peu au hasard, quand des variétés diverses ont vécu rapprochées. Lorsque les plantes sur lesquelles on opère peuvent aisément se diviser, se greffer, on conserve les moindres variétés pour peu qu'elles offrent de l'intérêt. Ces variétés ne se seraient peut-être pas reproduites une seconde fois par graines. C'est ce qui arrive pour les *pommes*, les *poires*, etc., dont on possède maintenant un nombre considérable de variétés.

TULIPE

1. Bulbe. 2. Fruit. 3. Étam. et Pistil.

FUSCHIA

1. Coupe de la Fleur et du fruit.

## VII

### De la direction, de la température et de la coloration des plantes.

Presque toutes les racines entrent plus ou moins en terre, assez généralement en droite ligne et les tiges s'en vont toutes en montant vers le ciel. Mais il y a de nombreuses exceptions. Dès l'époque de la germination, les racines de la nouvelle plante tendent à descendre et les tiges à monter, d'où résulte une direction rectiligne verticale de ces deux organes ; on peut retourner une graine plusieurs fois, toujours la radicule reprendra la direction descendante ; la plante périt plutôt que de se diriger autrement ; quelle est la cause de ce singulier phénomène? c'est là un des secrets que la Providence nous a laissé à deviner.

Ce n'est pas l'humidité du sol qui cause la direction des racines; car, en plaçant une jeune plante dans un tube plein de terre dont le haut est humide et la partie inférieure sèche, la racine se dirige en bas et la tige monte ; en la mettant dans un tube de verre plein d'eau, puis en éclairant le bas du tube et en laissant le haut dans l'obscurité, les directions ne changent pas ; ce n'est donc pas la lumière qui le cause.

Cependant, si nous observons ce qui se passe dans la nature, nous voyons que les rameaux se dirigent vers la lumière ; dans un appartement, les tiges penchent du côté des croisées, de même que, dans un bois, les branches se dirigent vers les clairières ; la plupart des cultivateurs disent, dans ce cas, que les plantes cherchent l'air.

L'explication de ce fait a été donnée par M. de Candolle, en 1809. L'action de la lumière du soleil est d'activer la vie des surfaces végétales qu'elle atteint ; elle fait ouvrir les stomates, exhaler de l'eau, décomposer du gaz acide carbonique et fixer du carbone dans le tissu. Ainsi dans une branche encore verte, le côté frappé du soleil doit se solidifier plus vite que l'autre et, par conséquent, s'allonger moins aisément ; de même que les plantes étiolées, c'est-à-dire qui croissent à l'ombre, s'allongent beaucoup ; or, comme les deux côtés de la branche sont inséparables, il faut bien que le côté le plus mou, qui grandit le plus, se courbe sur le côté qui se solidifie et qui grandit le moins. La vérité de cette explication est confirmée par le fait que les végétaux celluleux ou parasites qui ne sont pas verts, c'est-à-dire qui ne décomposent pas de gaz acide carbonique et n'exhalent pas d'eau à la lumière, ne se dirigent pas du côté de la plus grande lumière ; en outre, les branches âgées s'inclinent d'autant moins vers la lumière qu'elles sont moins vertes et plus ligneuses ; les branches inférieures des arbres, privées de la lumière par en haut, se dirigent horizontalement pour la trouver ; il est si bien reconnu que les courbures de ce genre sont produites par la lumière, que M. Thouin a proposé de les produire artificiellement, telles que les constructeurs de navires les demandent, en dirigeant habilement sur un arbre la lumière du soleil.

Quelques tiges suivent la lumière au point de se tordre sur elles-mêmes, comme pour présenter leurs fleurs en face de l'action solaire ; c'est le cas de l'*hélianthe annuel*, appelé *tournesol*, et dont le nom vulgaire est *soleil*. Les pédoncules allongés de l'*asclépiade charnue* se dirigent chaque jour vers le soleil et le suivent dans sa course diurne.

Toutes les plantes le feraient, toutes ou presque toutes ; mais voici quelque chose de plus curieux encore au sujet des tiges volubiles et des vrilles.

Plusieurs plantes ont des tiges, comme celles de *haricot*, de *houblon*, etc., s'enroulant dans un sens déterminé, soit autour des corps étrangers qu'elles rencontrent, soit sur elles-mêmes, si elles manquent d'appui. Cette direction en spirale, qui caractérise les plantes dites volubiles, n'est pas encore expliquée malgré les expériences des botanistes.

D'après cependant un auteur, la torsion spirale de certains embryons est sans rapport avec l'enroulement des tiges; celui-ci commence dans les haricots, par exemple, dès le troisième ou quatrième entre-nœud après les cotylédons et fait d'abord un tour de spire par jour, puis jusqu'à six ou huit; le phénomène marche d'autant plus vite que la plante grandit davantage; la tige se rapproche plus ou moins du support, selon l'heure de la journée et l'espèce dont il s'agit; la largeur de la spire dépend de la grosseur de l'appui; mais quand celui-ci est trop gros, la plante ne s'y enroule pas; sans appui, elle végète mal; quand on veut lui faire changer de direction, elle meurt ou se retourne; les tiges volubiles se dirigent constamment du même côté dans chaque espèce, on peut presque dire dans chaque genre et famille; en se figurant qu'on est soi-même au centre de la spire, à la place du tuteur, on voit que le sens est ou de droite à gauche ou de gauche à droite. On compte vingt genres qui s'enroulent de droite à gauche; ces genres appartiennent principalement aux *légumineuses*, *convolvulacées* ou *famille des volubilis*, *asclépiadées*, *passiflorées*, *cucurbitacées*, ou *famille des potirons*, *citrouilles*, etc., et, dans le sens opposé, dix genres appartenant aux *caprifoliacées*, *urticées*, ou *famille des orties*, *du houblon*, *smilacinées*, etc.

Le magnétisme, l'électricité appliqués, soit aux plantes, soit aux appuis, n'ont pas modifié le phénomène. L'humidité, la lumière, le calorique ne paraissent avoir d'influence que pour l'accélérer ou le retarder, sans qu'ils accélèrent ou retardent l'allongement de la plante.

Wollaston, frappé de l'influence habituelle de la lumière sur les plantes, pensait que la direction spirale tient au cours du soleil dans la journée et doit être pour une même espèce en sens contraire dans les deux hémisphères. Cette hypothèse a quelque chose de spécieux ; mais elle ne paraît guère vraisemblable, si l'on considère que, des deux côtés de l'équateur, il y a des tiges volubiles dans les deux sens et que les espèces diverses d'un même genre, qui souvent croissent dans les deux hémisphères, ont la même direction spirale. On peut en dire autant de la torsion des vrilles, qui a lieu dans un sens presque constant dans chaque espèce.

Passons maintenant à la température des végétaux.

### Température des végétaux.

Le dégagement de chaleur des *spadices* (sorte de massue couverte en partie de fleurs unisexuelles et nues, particulière à la famille des aroïdes), tel est pour les spadices de *gouet* ou *pied-de-veau*, est un cas tout spécial qui tient à la formation abondante du gaz acide carbonique pendant la fécondation ;

par la même cause chimique, il se produit de la chaleur dans la germination. On peut dire que, dans le cours naturel des choses, la formation du gaz acide carbonique par les organes colorés est aussi une source de chaleur; mais elle est bien faible, et l'évaporation par les parties vertes doit la compenser amplement, la surpasser même pendant l'été.

C'est par des végétaux âgés et en pleine végétation, qu'il faut juger de la température qu'ils peuvent avoir. Buffon avait déjà observé que lorsqu'on coupe des arbres en hiver, l'intérieur du tronc paraît chaud, et M. de Saussure, que la neige fond plus vite autour du tronc des arbres vivants que des arbres morts.

J. Hunter, ayant placé un thermomètre au fond d'un trou de onze pouces pratiqué dans un noyer de sept pieds de diamètre, avait trouvé, en automne, 2 ou 3 degrés de plus que la moyenne de l'air extérieur; les mêmes expériences ont été faites en Amérique, en Suède, et on a trouvé, de l'automne au printemps, une température plus élevée que l'air; on a aussi eu l'idée de comparer des thermomètres enfoncés dans un arbre, avec d'autres placés à diverses profondeurs dans la terre. La température du centre d'un gros marronnier était la même que celle d'un thermomètre situé à quatre pieds en terre; cette dernière expérience donne la cause du phénomène : en effet, l'eau pompée par les racines, et dont il monte une certaine quantité, même en hiver, communique au tronc des arbres la température du sol, qui, à quelques pieds de profondeur, est sensiblement la température moyenne du pays.

Le bois, étant mauvais conducteur de la chaleur, contribue à maintenir la température uniforme de la séve ; il est démontré que tous les bois sont moins conducteurs dans le sens contraire aux fibres que dans leur direction longitudinale ; la différence est d'autant plus forte que le bois est plus dense ; ainsi la température de la terre portée par la séve se communique facilement de bas en haut et difficilement dans le sens horizontal. Les couches d'écorce dans la classe des dicotylédones sont un obstacle à la déperdition du calorique.

La faculté de résister aux températures extrêmes varie selon le tissu des espèces. Les arbres à bois très-serré et ceux qui, comme les monocotylédones, ont une écorce très-mince, non divisée en couches, doivent résister avec peine aux climats froids ; en effet, les seules monocotylédones, qui croissent dans le nord, ont la partie vivace de leur tige cachée sous terre, ou tout au moins abritée par la neige pendant les grands froids ; les espèces ligneuses de cette classe supportent à peine nos climats tempérés.

D'un autre côté, chaque espèce a besoin d'un certain climat, et supporte tel degré de froid ou de chaud, selon l'ensemble de son organisation. Les herbes sont pénétrées jusqu'au centre par la température de l'air. Telle espèce demande des variations considérables de température, telle autre les redoute. Il y a des végétaux qui supportent un degré remarquable de chaleur : par exemple, le *gatillier commun* croît dans l'Inde auprès des sources chaudes à 62°, et dans l'île de Tama, dans un sol volcanique à 80°, et cependant la même espèce supporte jusqu'à 15 ou 20° au-dessous de zéro dans les jardins de l'Europe. Adanson remarquait que le sable du Sénégal atteint jusqu'à 61° au soleil et porte cependant des végétaux. Desfontaines a vu des plantes vivantes autour des eaux chaudes de Bone qui ont jusqu'à 77°.

D'un autre côté, les *perce-neige* fleurissent même sous la neige ; cependant les fleurs sont très-sensibles au froid.

Les plantes cryptogames sont encore moins affectées par le froid, car plusieurs vivent en hiver, dans les régions les plus boréales ; et tandis que certaines espèces habitent les sources d'eau chaude, d'autres végètent sous la neige même.

## Coloration des plantes.

Les plantes qui croissent dans une obscurité complète sont blanches; on dit alors qu'elles sont étiolées. C'est donc la lumière qui colore diversement les végétaux et agit avec plus ou moins de promptitude et d'intensité selon les espèces. Une lumière artificielle un peu intense colore plus ou moins toutes les espèces; mais elle ne suffit pas pour que le dégagement du gaz oxygène ait lieu; la lumière solaire seule produit à l'instant le dégagement et la coloration; une fois la plante colorée, elle ne peut plus retourner à l'état d'étiolement. En faisant blanchir un légume, on ne transforme pas en parties blanches celles qui sont déjà développées et colorées; on les prend avant leur naissance ou au moment même, et on les contraint à se développer à l'obscurité. La couleur verte tient à la présence, dans les cellules, de petits grains qui constituent la chromule.

La coïncidence de la décomposition de l'acide carbonique avec la coloration fait naître l'idée que le dépôt de carbone dans le tissu de la plante produit par l'action chimique est la cause de la coloration. Les plantes parasites, qui ne décomposent pas le gaz acide carbonique, ne sont pas vertes, exemple: les *cuscutes*, les *orobanches*, etc.; l'assimilation du carbone sous l'influence de la lumière paraît la cause principale de la coloration en vert, mais il est probable qu'elle n'est pas la seule, car chez l'embryon contenu au centre d'une graine, l'extrémité des racines, offre quelquefois une teinte verte, quoique ces organes ne décomposent pas le gaz acide carbonique.

M. de Humboldt a vu retirer de cent quatre-vingt-dix pieds au-dessous de la surface de la mer le *varech à fleur de verre* qui était d'une belle couleur verte, et à cette profondeur, la lumière du soleil est deux cents fois plus faible que celle d'une lampe vue à un pied de distance.

La couleur verte passe tôt ou tard à des teintes jaunes et ensuite au rouge, comme dans le *sumac*, la *vigne du Canada*; d'après l'observation de M. Macaire, peu de temps avant de prendre la couleur jaune, la feuille cesse d'exhaler du gaz oxygène au soleil et continue d'en absorber pendant la nuit; il en conclut que la chromule devient jaune à un premier degré d'oxygénation, rouge au second.

Les bractées et les diverses parties de la fleur sont des feuilles dans un état plus ou moins différent de celles de la tige; les calices sont fréquemment verts, et quelquefois jaunâtres ou rouges comme les feuilles, en automne. Les pétales ont une plus grande variété de couleurs, mais les organes sexuels sont presque toujours jaunes. Les fruits suivent des phases semblables à celles des feuilles; souvent ils passent du vert au jaune, au rouge. Toutes les fleurs peuvent se développer à l'état de fleurs, blanches accidentellement ou constamment dans certaines variétés; cela est dû à un état maladif dans lequel la chromule se colore imparfaitement.

La couleur des bois, écorces et racines et celle des cryptogames tiennent à d'autres causes, principalement aux matières sécrétées; souvent la lumière n'a pas d'effet sur ces couleurs; la couleur bleue, que prennent subitement certains bolets quand on les coupe, tient à l'oxygène de l'air.

La couleur peut encore servir à faire connaître la propriété des plantes ; le blanc désigne la douceur, comme on peut en juger par les *groseilles blanches*, la *pomme douce*, les *prunes blanches*, etc.

Le vert indique la crudité, c'est la couleur des fruits qui ne sont pas mûrs ; le jaune annonce l'amertume, la *gentiane*, l'*aloès*, la *chélidoine* en fournissent des exemples ; le roux, le brun indiquent un âpre astringent, comme les *nèfles;* le rouge désigne l'acidité, c'est la saveur des *groseilles*, de l'*épine-vinette ;* enfin le noir annonce une saveur désagréable et souvent vénéneuse, c'est la couleur des fruits de la *belladone.*

Mais il y a des exceptions ; ainsi les *mûres*, les *baies de nos bruyères* sont noires, sans être vénéneuses ; le *cassis* est encore dans le même cas ; la *reine-claude* est une excellente prune, toute verte qu'elle est.

## VIII

**Des saveurs végétales; des odeurs et de la durée des arbres; de l'empoisonnement des plantes.**

Nous sommes bientôt à la fin de notre aperçu, bien abrégé, de la physiologie végétale. Je tâche de ne rien oublier; mais comme je n'ai pas l'intention de faire des leçons complètes, et que je compte sur le goût de mes lecteurs pour l'étude de la botanique; instruits déjà par ce petit livre, ils pourront plus tard entreprendre la lecture d'ouvrages beaucoup plus importants. Je poursuis mes observations.

Disons un mot des saveurs végétales.

### Saveurs végétales.

Les saveurs, si importantes pour nous dans l'économie domestique, ne sont, en physiologie, que des conséquences accessoires de la composition chimique des plantes; pour qu'une matière soit sensible au goût, il faut qu'elle soit liquide ou soluble ; c'est le cas de la plupart des substances sécrétées au dedans et au dehors des plantes.

Aussi les fruits les plus liquides sont-ils les meilleurs au goût.

Les substances très-sapides servent de condiments aux matières purement nutritives; quelquefois la nature opère elle-même ce mélange au degré qui nous convient, c'est que les matières sucrées et acides font le mérite de certains fruits. L'acide prussique, qui est un poison violent, donne, en dose très-légère, un goût très-agréable aux pêches et aux cerises.

Celles qui sont nutritives pour le végétal, comme le mucilage, la gomme, la fécule, sont moins sapides.

Quelques familles ont une disposition à sécréter dans tel ou tel organe des matières sapides, qui, concentrées, sont des poisons, et à faible dose, des condiments ; de là ce fait, que beaucoup de plantes alimentaires se trouvent dans des familles suspectes, par exemple, l'*aubergine* et la *pomme de terre* appartiennent aux solanées.

Alors, comment faire pour les reconnaître et pour donner à ces sortes de fruits plus ou moins de goût?

Plus les sécrétions sont abondantes et élaborées pour une espèce donnée, plus elle jouit de ses propriétés sapides. Ainsi, la chaleur et la lumière tendent à les accroître : la culture est fondée là-dessus. Pour donner du goût aux végétaux qui en ont peu, on les expose le plus possible à ces deux agents, tandis que, pour diminuer la saveur des plantes qui en ont trop, on les y soustrait ; par exemple, on expose à la chaleur et au soleil les *ananas*, les *melons*, les *pêches*, etc., tandis que l'on a soin d'abriter et même d'étioler par l'obscurité les *laitues*, les *choux*, les *cardons*, que l'on veut rendre plus doux et plus tendres. Les têtes de choux sont naturellement abritées de la lumière par les feuilles extérieures, les pommes de terre par leur position souterraine ; sans cela, leur saveur les rendrait désagréables et même nuisibles.

### Odeurs végétales.

Tous les corps dont les particules se volatilisent peuvent produire en nous la sensation appelée odeur ; cette dispersion des molécules a lieu de deux manières, dont l'une concerne la physique et l'autre la physiologie.

Le premier cas est celui des particules qui émanent des corps solides ou liquides tout formés, comme les huiles volatiles, le camphre, etc. C'est ce qui arrive à toutes les matières organiques ou inorganiques ; une fois formées, elles sont odorantes aussi longtemps qu'elles existent ; le fait principal est la formation de telle résine ou autre substance qui peut durer longtemps après la mort de la plante ; c'est ainsi que les bois de *sandal*, de *rose*, de *sassa-*

*fras*, conservent leurs odeurs après bien des années, tant que la matière qui les exhale existe dans le tissu.

Cela existe-t-il pour les fleurs?

Non; car c'est le second cas, qui est celui des odeurs produites par des plantes vivantes uniquement, et même par telle ou telle partie dans un moment donné. C'est le cas de l'odeur des fleurs, au moins du plus grand nombre; elle paraît déterminée par une matière qui se volatilise au moment même où elle se forme et qui tient essentiellement à la vie de l'organe.

Le dégagement des odeurs de la première classe dépend uniquement des conditions physiques, la chaleur le rend plus abondant, comme on le sait fort bien, pour les huiles volatiles de citron, des labiées, etc.; au contraire, les odeurs de seconde classe peuvent être intermittentes, car leur formation est une fonction vitale, comme l'exhalaison aqueuse; par exemple, beaucoup de plantes ne sentent que le soir, ou du moins sentent plus fort à cette époque, comme le *pélargonium triste*, le *datura en arbre;* le *cestreau diurne*, ou *galant-de-jour*, est odorant le jour, et le *cestreau nocturne*, ou *galant-de-nuit*, est odorant à l'entrée de la nuit. En général, l'obscurité paraît favorable au dégagement des odeurs; la cause pourrait dépendre de ce que la chaleur du soleil produit pendant le jour des courants ascendants qui enlèvent les odeurs, tandis que le soir, au moment de la rosée, elles restent davantage à notre portée.

Les odeurs un peu fortes ont sur l'organisme une certaine influence, et, en général, les odeurs même très-agréables, concentrées, deviennent pénibles et dangereuses; les odeurs habituellement fortes des *violettes*, de la *jonquille*, etc., affectent souvent les personnes sujettes aux migraines et aux maux appelés nerveux.

### Durée des végétaux.

Voici, à ce sujet, quelques mots remarquables de M. F. V. Mérat :

« Le sol et le climat influent beaucoup sur la durée des plantes; on ne connaît bien que celle des plantes herbacées et l'on n'a guère que des données incertaines sur la durée des arbres, parce qu'elle dépasse de beaucoup le terme ordinaire de la vie de l'homme; on connaît cependant assez la durée des chênes, qui peuvent vivre six cents ans; les oliviers vivent environ trois cents ans; les cèdres du Liban vivent un si grand nombre de siècles que les anciens les regardaient comme indestructibles; c'est pour cette raison que Salomon ne fit employer que du bois de cèdre à la construction du fameux temple de Jérusalem.

« Pline fait mention d'une yeuse plantée près du

Capitole, qui était plus ancienne que Rome, ce qui faisait au moins huit cent trente et un ans.

« On a vu un sang-dragon servir de limites à deux peuples insulaires ; il était désigné dans leurs annales sous le nom du grand draco de l'île.

« En 1400, Genvre, dans son voyage aux îles du Cap-Vert, écrivit son nom sur deux baobabs ; Pétiver y écrivit le sien cent quarante-neuf ans après. En 1749, Adanson les mesura et vit les inscriptions ; il remarqua qu'en deux cents ans ils n'avaient grossi que de sept pieds de circonférence : ils avaient alors trente-sept pieds de périphérie ; il calcula ensuite quelle pouvait être la durée de ces arbres en prenant sept pieds de ces arbres pour l'accroissement de deux cents ans, et comme on sait que ces arbres parviennent à une énorme grosseur, telle que quatre cent trente-cinq pieds de circonférence, il trouva, par les résultats de son calcul, qu'ils pourraient vivre plus de six mille ans, époque qui remonte au delà de tous les temps historiques. » (V. *Nouveaux éléments de botanique.*)

M. Berthelot cite un sapin gigantesque, situé à l'ouest de Courmoyeur, sur la montagne de Béqué ; cet arbre est connu des habitants du pays sous le nom d'Écurie des chamois, parce qu'il sert d'abri à ces animaux pendant l'hiver ; il avait, en 1831, sept mètres soixante centimètres de circonférence au-dessus du collet ou deux mètres cinquante-quatre centimètres de diamètre.

En général, c'est la durée du bois qui permet une longue vie, comme l'olivier, l'oranger, l'if en sont des exemples.

Le *cyprès chauve*, si répandu aux Etats-Unis et au Mexique, paraît atteindre une vieillesse égale au baobab ; il en existe un, près Cuxaca, dont le tronc a cinquante-sept pieds et demi de diamètre et cent pieds de hauteur : il est connu pour avoir abrité jadis Fernand Cortès, avec toute sa petite armée de conquérants, et les indigènes lui rendent un culte superstitieux.

### Des plantes parasites.

Les botanistes distinguent les plantes parasites, en fausses parasites et en parasites proprement dites. L'influence de ces plantes sur les plantes qu'elles attaquent se lie trop intimement à la manière de vivre de ces végétaux, pour qu'il soit possible de parler séparément de ces deux objets.

Les premières, telles que le lierre, certaines mousses, plusieurs lichens et champignons, vivent habituellement à la surface d'autres végétaux, sans en tirer directement aucune nourriture ; c'est comme appui, et à une petite quantité d'humidité superficielle que cette station leur convient ; mais aucun organe ne pénètre dans l'intérieur de la plante attaquée, et les fausses parasites vivent également bien sur un mur légèrement humide; d'autres espèces sont souvent semées par les oiseaux dans les cavités des arbres et se développent bien dans le terreau qui s'y trouve; ces végétaux, faussement parasites, n'ont d'autre inconvénient pour leur support que d'entretenir à la surface une humidité peu favorable, de recéler des insectes nuisibles, d'étreindre trop fortement des tiges qui demandent à grossir, et de gêner les feuilles par un développement trop vigoureux.

Les vraies parasites vivent aux dépens d'une plante étrangère; elles en tirent un suc plus ou moins abondant, n'étant pas douées d'organes complets, propres à élaborer les sucs, elles ne rendent rien de nutritif à leur support et ne peuvent que lui nuire.

### Action des substances vénéneuses sur les plantes.

Rien ne prouve mieux l'existence de la vie végétale, que l'action des substances vénéneuses sur les plantes vivantes; l'analogie de cette action avec ce qui se passe dans le règne animal, ses conséquences physiologiques, agricoles, etc., lui donnent un certain degré d'importance.

L'effet des poisons sur les animaux résulte d'une introduction soit dans les voies digestives, soit dans la circulation du sang par suite d'une blessure; les mêmes distinctions peuvent s'observer dans les végétaux. L'absorption, par les racines, répond au premier mode ; l'introduction forcée dans une plaie ou blessure répond au second. Chaque substance peut agir avec plus ou moins d'intensité, elle peut être ou n'être point vénéneuse, selon qu'elle est employée de l'une des deux manières ; ainsi, dans le règne animal, le gaz acide carbonique respiré est un poison ; introduit dans l'estomac, il n'est qu'un excitant agréable ; le venin des serpents peut être avalé sans danger, tandis que l'animal lui-même peut être tué par sa propre morsure.

### Absorption des substances vénéneuses avec la séve.

Pour empoisonner une plante, il suffit de dissoudre une matière vénéneuse et de la faire absorber, soit par les racines, soit par la coupe transversale d'une tige ou d'un rameau plongeant dans le liquide contenant le poison ; et pour mieux apprécier son effet, on a soin de placer, à côté du vase empoisonné dans lequel trempe la plante, un autre vase d'eau pure, contenant une plante semblable ; selon la nature et la dose du poison, au bout de quelques heures ou de quelques jours, on s'aperçoit de son action plus ou moins délétère sur la plante qui l'absorbe.

Les préparations arsénicales font périr les plantes ;

trente heures suffisent pour tuer un haricot trempant dans 60 grammes d'eau avec 1 décigramme d'acide arsénieux ; sur toutes les plantes, l'effet de ce poison se manifeste au bout de vingt-quatre heures, les organes verts deviennent jaunes ou bruns ; les feuilles se flétrissent en commençant par les nervures, le parenchyme voisin de chaque nervure devient malade, les feuilles du bas et les plus jeunes souffrent les premières ; la couleur des pétales change ; la plupart deviennent bruns, jaunâtres ou blanchâtres ; ceux de la rose à cent feuilles se tachent de pourpre, etc.

Si on fait tremper des branches de sensitive dans un liquide arséniaté, les branches et les feuilles se rapprochent d'une manière singulière. Toutes les préparations mercurielles solubles agissent comme poisons sur les plantes ; elles arrêtent les mouvements des étamines de l'*épine-vinette.*

Les corps métalliques restent en nature dans le tissu, car ils sont sensibles aux réactifs ; ainsi, en coupant un rameau à un arbre empoisonné par le sulfate de cuivre, le couteau se charge de cuivre.

L'ammoniaque, beaucoup de sels métalliques, sont également nuisibles aux végétaux.

Les substances végétales narcotiques ont aussi un effet délétère sur les plantes, même sur celles qui les ont produites, quand on les leur fait absorber ; ainsi les haricots placés dans 60 grammes d'eau contenant 25 à 30 centigrammes d'opium, meurent le lendemain, comme l'a démontré M. Marcet ; la noix vomique fait fléchir les pétioles d'un haricot au bout de trois à quatre heures, puis fait périr la plante.

La plupart des gaz nuisent aussi aux parties vertes des plantes. La fumée, qui contient divers gaz ou vapeurs âcres, est un fléau redoutable pour les serres et pour les jardins de l'intérieur des villes ; les vapeurs d'acides sulfureux, nitreux, hydrochlorique ont une action funeste ; il suffit de visiter les alentours des fabriques de soude artificielle pour se convaincre de cet effet.

Nous finirons ici notre abrégé de Physiologie végétale ; mais dans une dernière leçon, comparons entre les plantes et les animaux.

## IX

### Analogie entre les animaux et les plantes.

Ce qui nous frappe dans l'étude de la physiologie végétale, c'est la grande analogie qui existe entre les plantes et les animaux.

Sans doute, la nature chimique de l'animal diffère beaucoup de celle de la plante; mais cette différence est presque nulle dans les familles placées sur les limites des deux règnes. Ainsi l'*uredo* peut être confondu avec le *volvox*, presque tous les champignons présentent à l'analyse des principes de matières animales; ceux qui sont charnus pourrissent facilement et peuvent être changés en adipocire comme les muscles des animaux; M. de Candolle a dit que sous l'eau et au soleil, aucun ne donne du gaz oxygène, et que plusieurs donnent du gaz azote, et M. Raspail assure qu'on trouve également le gaz azote dans d'autres substances végétales, comme le gluten, la quinine, la cinchonine, la brucine, la morphine, etc.

Ainsi les animaux les plus simples sont comme les plantes. Voyez le polype dont l'estomac peut être retourné comme le doigt d'un gant, sans que l'animal cesse de vivre ; n'est-ce pas une preuve que toutes ses molécules organiques ont la faculté d'aspirer les substances dont il se nourrit, faculté qu'on retrouve dans toutes les plantes privées de racines, et que d'autres animaux que le polype possèdent également ?

Et par la forme, beaucoup ne se ressemblent-ils pas ?

Oui, il y a des animaux qu'on prendrait pour des plantes, tant ils leur ressemblent ; il y a même des animaux qui sont fixés au sol comme les plantes le sont par les racines ; certains mollusques et plusieurs zoophytes ne se fixent nulle part, comme l'*uredo* dont je parlais tout à l'heure.

Peut-on dire qu'ils se distinguent par la locomotion, que les animaux seuls posséderaient, mais les *tremelles* sont des plantes qui paraissent jouir du mouvement spontané ; on les voit se donner de grands mouvements, faire des efforts bien marqués pour se désentrelacer du paquet dans lequel elles se trouvaient, se plier, se replier de mille manières, à droite, à gauche, s'échapper enfin, s'arrêter, aller en avant, rétrograder, accourir vers la lumière. Ce spectacle a été suivi par M. Félix Fontana. Scherer et de Saussure ont observé des phénomènes semblables dans les tremelles découvertes au milieu des eaux de Carlsbad, en Bohême, et dans les eaux d'Aix, en Savoie. Senebier convient également que le mouvement des tremelles est spontané, et ne nie pas qu'elles soient de véritables plantes.

Oui, comme l'animal, la plante vit, est en santé ou maladie, se reproduit et meurt; cela est positif. Et n'avons-nous pas vu aussi qu'elle sommeillait?

Rien n'est plus vrai : Dieu a voulu, dans sa bonté infinie, que tout travail soit suivi d'un repos; les hommes, les animaux ont besoin de rétablir leurs forces au moyen du sommeil, pourquoi les plantes ne jouiraient-elles pas de la même faculté? ne travaillent-elles pas en attirant le suc nourricier de la terre pour leur aliment, en le digérant, en quelque sorte, et en le distribuant dans toutes les parties de leur être? Elles se reposent et dorment. Aristote a nié le besoin de dormir des plantes, c'est qu'il ne leur accordait aucun sens; or, les recherches les plus minutieuses, les observations les plus consciencieuses des botanistes, des physiologistes, ont prouvé qu'elles avaient des sens, qu'elles travaillaient et qu'elles étaient en mouvement, que Dieu leur avait même donné la faculté de la génération; comme les animaux, les plantes veillent donc; elles dorment de même; voyez-les comme elles sont affaiblies l'été, par suite de l'ardeur du soleil, et rafraîchies la nuit par l'agréable fraîcheur que leur verse cette mère du sommeil, que la Providence a créée pour notre repos.

Tout le monde sait qu'un grand nombre de fleurs, par exemple, les *soucis*, les *anémones*, les *tulipes*, les *colchiques*, ouvrent leurs fleurs au soleil et se couchent lorsqu'il se couche, les referment; ce qu'elles continuent tous les jours invariablement.

On peut voir des plans de *réglisse* et de *trèfle aigre* qui, tous les soirs, au coucher du soleil, replient leurs feuilles, les retiennent ainsi toute la nuit, et à jour levé les ouvrent et continuent ainsi tous les jours soit que le soleil luise ou non; mais, outre cela, les plantes ont encore un autre temps de repos qui dure tout l'hiver, après le travail du printemps et de l'été.

Il y en a même qui dorment le jour et veillent la nuit; des plantes aussi dorment au printemps et se réveillent en été; d'autres veillent l'automne et l'hiver et dorment les deux autres saisons. La Providence a voulu rendre ainsi la nature plus belle, et toujours verdoyante et toujours animée dans toutes les saisons de l'année.

Plusieurs bulbeuses dorment très-longtemps, même hors de leur lit, comme *les oignons, les échalottes*, *les tulipes*, et se conservent longtemps hors de terre sans s'altérer; mais lorsque le soleil du printemps approche, alors on les voit se réveiller, leur séve pousse et elles mourraient si elles n'étaient remises au sein de la terre.

On rencontre du phosphore dans l'un et l'autre règne ; on a trouvé du phosphate de chaux dans les cendres de tous les végétaux où on l'a cherché.

Comme les animaux, les plantes se développent par intussusception, absorbent l'humidité, transpirent et rejettent ce qui n'a pu servir à la nutrition. Comme eux, nous le savons, elles se reproduisent par mariage et meurent après leur reproduction.

Voyez aussi une chose bien admirable dans la nature : plus les plantes et les animaux se perfectionnent moins ils sont féconds ; une *fougère* l'est plus qu'un *palmier*; il y a plus d'herbes que d'arbrisseaux et d'arbres ; plus d'insectes que d'oiseaux et de mammifères.

Enfin, la chaleur que les plantes développent, l'époque de leur fécondation, n'est-elle pas une preuve de leur vitalité ? Ainsi, le *gouet à feuilles en cœur*, de l'Ile de France, fait monter le thermomètre de Réaumur de 21°, température de l'atmosphère, à 49°.

La chaleur du bouleau, par exemple, est bien forte, puisqu'elle brave un froid de 30°. La séve si aqueuse résiste ; elle devrait geler comme l'eau, l'écorce reste immobile et cependant tout gèle autour de lui.

Les plantes sont donc des êtres organisés qui ont une existence, une sensibilité, cela est positif ; elles vivent, elles engendrent, elles naissent, elles vieillissent, elles sont malades, elles meurent. On ferait des volumes sur un aussi beau sujet, et on est pénétré d'admiration et de reconnaissance envers le divin

Créateur lorsqu'on pense et qu'on réfléchit à toutes ces merveilles.

Aussi beaucoup d'hommes de mérite se sont occupés de ces sciences ; dans l'antiquité même, les grands poëtes, Homère, Virgile, ne dédaignèrent pas les travaux des champs et l'étude de la nature ; Virgile, par exemple, disait, dans ses *Géorgiques* :

*Felix qui potuit rerum cognoscere causas.*

. . . . . . . . . . . . . . . . . . . .

Heureux qui, remontant à la source des choses,
Contemple leur nature et découvre leurs causes,
Et qui, foulant aux pieds les terreurs du trépas,
De l'avare Achéron brave le vain fracas.
Heureux encor celui, qui fidèle aux campagnes,
Ne connaît que les dieux des champs et des montagnes,
Pan, l'antique Sylvain et les nymphes des bois !
Ni les faisceaux du peuple et la pourpre des rois,
Ni la discorde impie, armant la main des frères,
Le Dace de l'Ister franchissant les barrières,
Les décrets du sénat, les États périssants
Ne sauraient agiter le repos de ses sens.
Loin du pauvre et du riche en paix coulant sa vie,
Son cœur n'est agité de pitié ni d'envie ;
Il coupe les moissons, il recueille les fruits
Que ses champs, ses vergers d'eux-mêmes ont produits,
Sans s'occuper jamais des affaires publiques,
Des brigues du Forum et des arrêts iniques.

A notre époque aussi, Campenon, de l'Académie française, disait, en vers charmants, tout le prix qu'il attachait aux fleurs, cette jolie création de Dieu :

Ainsi, les fleurs, amusement du sage,
Dans tous les temps, à la ville, au village,
Charment ses goûts, occupent ses loisirs.
Là, point d'ingrat qui trompe son attente;
Point de méchant qui nuise à ses désirs,
Point d'envieux que sa fortune tente,
Point de remords qui suivent ses plaisirs.
De nos jardins les fruits sont la richesse ;
A les compter notre œil jaloux s'empresse;
Mais qui pourrait ne pas aimer les fleurs !
L'enfant sourit à leurs vives couleurs ;
Avant sa main, son regard les caresse,
De leurs bouquets la pénétrante odeur
Vient ranimer la vieillesse étonnée ;
La jeune fille, à l'autel d'hyménée,
S'en pare encore. . . . . . . .
Et de nos arts le luxe imitateur,
Quand de leurs dons se dépouille l'année,
Rend à nos yeux le prestige enchanteur.

C'est donc une étude des plus agréables et en même temps des plus utiles; elle apprend à connaître, comme dit Virgile : *rerum cognoscere causas*, connaître la source des choses.

Elle plaît à tous les âges ; les hommes qui ont vécu dans les affaires et les vanités du monde sont heureux de se reposer par l'étude de la nature, le travail de l'agriculture et de l'horticulture.

# DICTIONNAIRE

**Des termes scientifiques employés dans cet ouvrage, et dont l'explication n'a pas été donnée dans le texte.**

*Acide carbonique.* — Appelé autrefois air méphitique (gaz impropre à la respiration ou à la combustion), air fixe, acide crayeux.

*Acide malique.*—Appelé autrefois acide des pommes, acide sorbique, malusien.

*Adipocire.* — Substance appelée autrefois *blanc de baleine* (du latin *adeps, adipis*, graisse, et *cera*, cire), qu'on trouve dans une cavité située sous le museau du cachalot, et qui est analogue à la graisse et à la cire. On en fait de très-bonnes bougies. On l'emploie aussi en médecine. Substance grasse, tirée des matières animales par macération, etc.

*Aigrette.*—Les botanistes appellent ainsi une petite touffe de poils et d'écailles qui environne les fruits de certains genres de plantes.

*Albumen.*—Nom donné par Gaertner au corps accessoire de l'embryon que l'on trouve dans certaines plantes, et que de Jussieu appelle périsperme.

*Alcali.*—Nom donné primitivement à la plante marine (*kali*) qui fournit la soude du commerce, et ensuite au sel qui provient des cendres de cette plante. Il s'applique, par extension, à tous les sels qui ont des propriétés chimiques analogues à celle de la soude, c'est-à-dire *une saveur âcre* et la faculté de verdir les couleurs bleues des végétaux. (De l'article arabe *al*, et de *kali*, soude.)

*Ambiante.*—Qui entoure, qui enveloppe.

*Anthère.*—En botanique, petit sac membraneux formé de deux loges soudées ensemble renfermant le pollen.

*Amphigames.*—Signifie *qui a deux mariages*; ce mot présente deux sens en botanique : 1° plante qui fleurit et fructifie deux fois dans la même année; 2° plante fleurissant et fructifiant seulement deux fois, alors comme synonyme de bisannuelle (*qui vit deux ans*).

*Anthode* ou *calathide.*—Assemblage de fleurs n'ayant pas de pédoncule particulier, ou du moins n'en ayant qu'un très-court, et serré sur un réceptacle commun et entouré d'un involucre (*calice commun très-rapproché*).

*Azote.*—Substance élémentaire qui, mélangée avec l'oxygène dans la proportion de 79 à 21, constitue l'air atmosphérique. (Du grec *a* privatif, et *zoé*, vie, sans vie, parce que l'azote ne peut servir, ni à l'entretien de la vie des animaux ni à la combustion.)

*Baie.*—En botanique, la septième espèce de péricarpe renfermant des semences éparses dans une pulpe succulente, lorsque le fruit est venu à maturité. (*Baie de genévrier, de laurier, d'olivier.*)

*Bulbilles.*—On appelle ainsi de petits bourgeons solides ou écailleux, naissant sur différentes parties de la plante, et qui peuvent avoir une végétation à part, c'est-à-dire que, détachés de la plante mère, ils se développent et produisent un végétal parfaitement semblable à celui dont ils tirent origine. Les plantes qui offrent de semblables bourgeons sont dites *vivipares*. (*Plusieurs aulx, le lis bulbifère.*)

*Brucine.*—Substance salifiable, extraite de la brucée, antidyssentérique.

*Caduques* (*feuilles*). — D'après leur insertion sur la tige : lorsqu'elles ne sont pas fixées à la tige par toute leur base, mais par une sorte de rétrécissement. (Le *marronnier d'Inde.*)

*Calice.* — En botanique : enveloppe de la fleur produite par le prolongement ou l'épanouissement de l'écorce du pédoncule. On le nomme aussi périanthe. (Du latin *calyx*, en grec *kalus*, bouton ou calice d'une rose, etc.; dérivé de *kalupto*, je couvre.)

*Cambium.*—En botanique : séve épaissie servant à la formation du bois.

*Carduacées* ou *cynarocéphales*. — En botanique : se dit des plantes dont le fruit ressemble à une tête d'artichaut. (Du grec *kunaros*, artichaut, et *képhâlé*, tête.)

*Carpelle.*—Dans un fruit à plusieurs cavités, distinctes et séparées, ou pluriloculaire, chaque cavité se nomme loge, et si ces loges forment des divisions visibles à l'extérieur, chacune d'elles prend le nom de *carpelle.* (La *pivoine, l'hellébore,* les *renoncules,* les *anémones.*)

*Capsule.*—Fruit sec, le plus souvent déhiscent, à une ou plusieurs loges. (Le *pavot.*)

*Chicoracées.* — Troisième division de la grande famille des composées ou synanthérées, caractérisée ainsi : anthodes uniquement composés de demi-fleurons hermaphrodites, style non articulé.

*Cicatrice.*— Enfoncement situé au milieu ou à l'extrémité de la graine.

*Corolle.*—Enveloppe intérieure de la plupart des plantes phanérogames, circonscrivant immédiatement les étamines, et habituellement nuancée de couleurs brillantes; elle est, ou monopétale (d'une seule pièce) ou polypétale (de plusieurs pièces pouvant se séparer sans déchirement).

*Cotylédon.*—En botanique : c'est un corps tantôt simple, tantôt double et multiple, c'est-à-dire lobes charnus qu'on remarque dans la plupart des semences prêtes à lever, lorsque leur tunique propre est enlevée. On les nomme aussi *lobes séminaux*. La présence ou l'absence des cotylédons et leur nombre établissent trois grandes divisions parmi les plantes, et les distinguent en acotylédones, monocotylédones et dicotylédones. (Du grec *kotulédôn*, cavité, écuelle, cymbale.)

*Cryptogames.* — Plantes dont la reproduction est cachée ou peu connue, dont les organes mâle et femelle ne sont pas ou sont difficilement visibles. (Du grec *kruptò,* je cache, et *gamos*, mariage; mariages cachés.)

*Déhiscent.*—S'ouvrant naturellement par les sutures; se dit de diverses sortes de fruits.

*Diœcie.*—Toutes les fleurs mâles sur une plante, les femelles sur une autre; exemple : le *chanvre*, le *saule*.

*Dicotylédone.* —Plante dont les semences sont pourvues de deux cotylédons.

*Embryon.* — Premier rudiment d'un corps organisé. Se dit également des plantes et des fruits, lorsqu'ils ne paraissent encore que d'une manière confuse dans les boutons des arbres ou dans les germes des semences.

*Etamine.*—Organe mâle, dans les plantes; elle se compose d'un filet, d'une anthère et du pollen contenu dans l'anthère. Le filet est la partie atténuée qui porte l'anthère; l'anthère est la partie supérieure de l'étamine.

*Fibre.*—Corps long et grêle dont la disposition et les connexions produisent la trame de plusieurs tissus.

*Foliole.*—Petite feuille attachée à un pétiole commun avec lequel elle tombe.

*Gluten.*—Substance glutineuse qui se trouve dans diverses substances végétales, notamment dans la farine du froment, après qu'on en a ôté l'amidon en faisant traverser la farine par un courant d'eau.

*Hermaphrodites.*—En botanique : se dit des plantes qui ont les étamines et les pistils réunis dans la même fleur.

*Légumineuses* ou *papilionacées.*—Famille de plantes présentant les caractères suivants :

Calice à cinq dents souvent inégales, ou à deux divisions profondes en forme de lèvres; cinq pétales insérés au fond du calice, irréguliers ; chacun d'eux présente une forme particulière : un des cinq est supérieur, deux sont latéraux, les deux autres inférieurs. Le supérieur porte le nom d'*étendard* ou *pavillon ;* les deux inférieurs, le plus souvent réunis et soudés l'un à l'autre par leur bord inférieur, forment la *carène ;* les deux latéraux constituent les *ailes.* Dix étamines. Pour fruit (une *gousse* ou *légume*); exemples : le *haricot*, le *genêt*.

*Léthargie.*—Engourdissement, assoupissement profond.

*Liber* ou *livret.*—En botanique : substance comprise entre l'enveloppe cellulaire et l'aubier, formée de différentes couches qui constituent proprement l'écorce. (Du latin *liber*, écorce intérieure des arbres.) On donne aussi à cette substance le nom de *couches corticales* (de *cortex, corticis*, écorce).

*Liliacées.*—Se dit en botanique des fleurs à corolle polypétale régulière, composée de six ou de trois pétales, et même d'un seul dont le limbe est divisé en six parties.

*Limbe.* —C'est le contour du sommet d'une corolle ou d'un calice. Partie plane et plus ou moins large d'une feuille.

*Loges.* —Cavités formées par les cloisons ou duplicatures du péricarpe.

*Malate.*—Sel formé de la combinaison de l'acide malique avec une base.

*Monœcie.*— Toutes les fleurs unisexuelles, mâles et femelles sur la même plante.

*Monocotylédones.*—Se dit des plantes qui n'ont qu'un seul cotylédon.

*Morphine.* — Principe amer, cristallisable, fusible à la chaleur. Il existe dans l'opium, et il paraît que c'est à la morphine que ce suc végétal doit sa vertu somnifère et vénéneuse.

*Nectaire.*— Partie de certaines fleurs qui contient le suc dont les abeilles composent leur miel; nom par lequel Linné désigne certaines productions qu'on trouve dans la corolle et qui lui sont étrangères. (Du latin *nectere*, lier, attacher, parce que ces productions étrangères sont comme attachés à la corolle.)

*Orchidées.*—Famille de plantes présentant les caractères suivants :

Fleurs hermaphrodites; périanthe placé au-dessous de l'ovaire, irrégulier, à six divisions pétaloïdes, trois extérieures (*sépales*) souvent dressées en voûte en forme de casque ; trois intérieures (*pétales*) dont deux souvent dressées et rapprochées du casque, ou étalées en forme d'ailes, et une inférieure (*label*) souvent pendante, variant beaucoup dans sa forme et sa direction, et souvent prolongée en éperon à sa base. Elles affectent la forme d'insectes, de mouches, d'abeilles.

*Ovule.* — En botanique : rudiment de la graine dans l'ovaire. (Du latin, *ovulum*, diminutif d'*ovum*, œuf.)

*Oxydes.* — Dans la chimie moderne, substance combinée avec l'oxygène, mais non jusqu'au point d'être portée à l'état d'acide. (Du grec *oxus*, acide.)

Les oxydes métalliques, connus autrefois sous le nom de *chaux métallique*, de *terres*, sont la combinaison des métaux avec l'oxygène; chauffés fortement, quelques-uns perdent alors tout leur oxygène et sont ramenés à l'état métallique.

*Oxygène.* — Nom donné par les chimistes modernes au principe acidifiant ou générateur de l'acide. (Du grec *oxus*, acide, et *gennao*, j'engendre.) L'oxygène est la base de l'air vital, appelé autrefois *air déphlogistiqué*, *air vital*, *principe respirable*, *principe acidifiant*. Mêlé avec quatre parties environ de gaz azote (dans la proportion de 21 à 100), il constitue l'air atmosphérique; ce gaz est essentiel à la respiration et à la combustion.

*Panicule.*—En botanique : assemblage de fleurs portées sur des pédoncules grêles et inégaux, qui les étale confusément et sans ordre déterminé.

*Péricarpe.*—La partie du fruit qui enveloppe les semences. (Du grec *périkarpia* ou *périkarpion*, formé de *péri*, autour, et de *karpos*, fruit.)

*Périphérie.*—Contour d'une figure curviligne.

*Périsperme.*—Petit corps, tantôt ligneux, tantôt farineux, qui, dans certaines plantes, *entoure l'embryon* auquel il est simplement contigu.

*Pistil.*—Organe femelle dans les plantes, se composant de l'ovaire, du style et du stigmate; l'ovaire est la partie inférieure et constitue plus tard le fruit; le style est la partie atténuée et allongée ; le stigmate est la partie supérieure et terminale de ce style, et est destiné à recevoir le pollen ou poussière fécondante des étamines.

*Placenta.*—En botanique : partie intérieure du péricarpe sur laquelle les semences sont attachées.

*Persistantes* (*feuilles*). — Qui restent vertes sur la plante jusqu'au développement des nouvelles. Les arbres qui les portent ont reçu le nom d'arbres verts.

*Pore*.—En botanique : petite ouverture presque imperceptible dans le derme des feuilles des plantes, etc., par où sortent les produits de la respiration, de l'excrétion, les sécrétions.

*Régime*.—En botanique : assemblage de fruits formant une espèce de grappe à l'extrémité d'un rameau de *palmier*, de *bananier*.

*Rubiacées*.—Famille de plantes caractérisée ainsi :

Fleurs hermaphrodites, rarement n'ayant qu'un seul sexe; limbe du calice à quatre, cinq ou six lobes, ou nul et non apparent sur le fruit; corolle régulière à quatre, cinq ou six lobes, insérés sur l'ovaire; étamines en nombre égal aux lobes de la corolle et alternant avec eux ; ovaire simple souvent à deux lobes et à deux loges renfermant un ovule dressé, un style souvent bifide, deux stigmates; herbes à feuilles verticillées (c'est-à-dire formant une sorte de collerette autour de la tige) ou opposées, sans petites folioles à la base du pétiole. (Le *café*; la *garance*.)

*Silice* ou *terre silicée*. — En chimie : une des prétendues terres primitives ou élémentaires, qui est la base du silex, ou caillou, quartz, cristaux de roche, et en général des pierres qui font feu avec le briquet. C'est ce qu'on appelait autrefois *terre quartzeuse*, *terre siliceuse, terre vitrifiable*, et qu'on nomme aujourd'hui, en chimie : *oxyde de silicium*.

*Trachées*. — Vaisseaux ne renfermant que des principes gazeux.

*Tubercules*.—En botanique : sorte de bourgeons se développant sur les racines ou les tiges souterraines de certaines plantes : telles que la *pomme de terre*, le *topinambour*, la *saxifrage granulée*.

*Thermoscope.* — Instrument employé en météréologie et destiné à faire connaître les changements qui arrivent dans l'air par rapport au froid et au chaud. Il diffère proprement du thermomètre, en ce que celui-ci mesure les variations que représente et marque seulement le thermoscope. Le *thermoscope*, imaginé, en 1803, par M de Rumfort, avait pour objet de déterminer la quantité de chaleur produite dans les corps par le frottement, etc.

*Unisexuelles.* — En botanique : il se dit des fleurs qui n'ont que des étamines ou des pistils.

*Vaisseaux.* — En botanique : tuyaux destinés à charrier dans les végétaux la séve et les sucs nécessaires à leur existence et à leur accroissement. On les distingue en *vaisseaux séveux* ou *lymphatiques, vaisseaux propres, vaisseaux trachéens.*

*Valvules.*—Espèce de panneaux qui composent les capsules multivalves ; on dit aussi valves.

*Vésicule.*—Petite vessie.

*Vrille.*—En botanique : production filamenteuse en forme de tire-bourre, par laquelle les plantes grimpantes et sarmenteuses s'attachent aux corps qui se trouvent dans leur voisinage. On l'appelle aussi *main.*

FIN.

# TABLE DES MATIÈRES.

FIN DE LA TABLE.

## DICTIONNAIRE DES POSTES

**Nomenclature complète de toutes les communes de France, publié par la direction générale des Postes. 1 vol. in-4°, de près de 2,000 pages, 15 fr.**

Ce livre, qui est le Dictionnaire géographique de la France le plus complet, renferme : 1° le nom de toutes les localités qui existent en France : *Villes*, *Bourgs*, *Villages*, *Hameaux*, principaux *Écarts*, *Usines*, *Châteaux*, etc., de l'Empire; 2° leurs Département, Arrondissement, Canton, Population et autres renseignements administratifs; 3° renseignements industriels et commerciaux; 4° nom du bureau de poste qui dessert la localité ; 5° indication de l'existence du bureau de poste; 6° indication, par un signe, de l'existence d'un relais de poste aux chevaux; 7° et indication des stations de chemins de fer.

## ALMANACH DE LA COUR

**De la ville et des départements pour l'année 1862. Indispensable aux fonctionnaires civils et militaires, aux magistrats, aux gens du monde, etc. 1 joli vol. in-32 de près de 400 pages. Prix : broché, 2 fr. 50.; — relié, 3 fr. 50.**

1 vol. avec planches, d'après des épreuves micrographiques photographiées. — 3° La Chirurgie théorique et pratique et les *Tableaux synoptiques* de clinique chirurgicale, 2 vol. — 4° Le Génie de la Chirurgie contemporaine, précédé de l'*Histoire de la Chirurgie*; 1 vol. — 5° *a*. Le Choléra indien, considéré au point de vue de son origine, de sa nature, de sa prophylaxie et de son traitement. — *b*. Le Vaccin vengé, réponse aux partisans de la non-vaccination. — *c*. L'Amélioration de l'espèce humaine, ou Statique chimico-physiologique relative à l'emploi diététique du sel.

---

## LES APPAREILS OUATÉS

Ou nouveau système de déligation pour les Fractures, les Entorses, les Luxations, les Contusions, les Arthropathies, etc., avec 20 magnifiques planches gravées d'après nature sur des épreuves photographiées, par le Dr Burggraeve. Un splendide volume in-folio, sur papier vélin, portrait de l'auteur. Prix : 100 fr.

---

## CHIRURGIE THÉORIQUE ET PRATIQUE

Comprenant : 1° la pathologie chirurgicale générale, la pathologie chirurgicale descriptive, la pathologie chirurgicale topographique ; 2° les pansements et les opérations ; 3° la clinique chirurgicale avec des tableaux synoptiques ; 4° les histoires des maladies ; 5° la thérapeutique interne avec un formulaire raisonné et la Diététique ; 6° l'histoire de la chirurgie et de ses principaux progrès.

Par le Dr Burggraeve,
Professeur à l'Université de Gand, etc.

Beau vol. in-8° avec figures. Prix : 12 fr.

## TABLEAUX SYNOPTIQUES ET CLINIQUE CHIRURGICALE

(Matières générales.) Avec des annotations et des histoires de maladies, par le Dr BURGGRAEVE, professeur à l'Université de Gand, etc. Un beau volume in-8°. Prix : 7 fr. 50 c.

---

## AMÉLIORATION DE L'ESPÈCE HUMAINE

Par le Dr BURGGRAEVE, précédé d'une lettre de M. FLOURENS. Un joli volume in-18. Prix : 3 fr. 50 c.

---

## LARREY

Chirurgien en chef de la Grande-Armée, par le Dr LEROY-DUPRÉ. Un joli volume in-18 jésus, orné d'un beau portrait sur acier. Prix : 3 fr.

---

## LA GOUTTE EXPLIQUÉE AUX GOUTTEUX

Son traitement hygiénique, curatif et préservatif, par le Dr PROS, chevalier de la Légion d'honneur. In-8°. Prix : 2 fr.

## LE JARDIN DES PLANTES

(*La Belgique horticole*)

Journal des Jardins, des Serres et des Vergers,

Fondé par M. Ch. Morren,

Rédigé par M. Édouard Morren,

Docteur spécial en sciences botaniques, Docteur en sciences naturelles, Candidat en philosophie et lettres, chargé du cours de botanique et de la Direction du jardin botanique à l'Université de Liége, Membre correspondant de l'Association britannique pour l'avancement des sciences, Membre de l'Académie impériale des curieux de la nature, à Iéna ; de la Société botanique de France et des Sociétés d'horticulture de Toscane, de France et de Prusse.

Ce journal, répandu dans toute l'Europe, est devenu l'organe le plus important de la publicité horticole; il comprend, dans son cadre, tout ce qui se rattache à l'horticulture, botanique, physiologie végétale, histoire, introduction des plantes nouvelles, figures, description et culture des plus belles fleurs, jardinage, serres, jardins d'hiver, culture forcée, culture en appartement, arboriculture, pomologie, jardin maraîcher, etc., rédigé par un grand nombre d'écrivains spéciaux dans chaque partie.

Il paraît une livraison par mois.

Chaque livraison renferme deux feuilles de texte, deux planches coloriées et des figures noires intercalées dans le texte.

Prix de l'abonnement : Pour Paris. . . . . 15 f. »
— Pour les départem. 16 50

## MANUEL PRATIQUE DE L'ÉDUCATEUR DE VERS A SOIE

Ou la Sériciculture régénérée, suivi d'un nouveau Traité d'Éducation pour obtenir de la graine de première qualité, par Alphonse Taurigna, praticien sériciculteur, membre de plusieurs Sociétés agricoles, etc. Seconde édition revue et augmentée. 1 vol. in-8. Prix : 6 f. 50.

Cet ouvrage a valu à son auteur une médaille d'honneur de première classe décernée par l'Académie nationale agricole de Paris.

---

## TRAITÉ PRATIQUE DE L'ÉDUCATION DES ABEILLES

Par J. François Roux, apiculteur. Un joli volume in-16. Prix : 2 fr.

Cet ouvrage a obtenu la médaille d'or au concours agricole de Paris.

---

## L'ŒILLET

Son histoire et sa culture, par A. Dupuis, professeur d'histoire naturelle, membre de plusieurs Sociétés, etc. Un joli volume in-18. Prix : 1 fr.

Ouvrage honoré de la souscription de S. Exc. le ministre de l'Agriculture.

---

## PLANISPHÈRE ZOOLOGIQUE

Carte de la distribution des animaux sur la surface de la terre, par A. M. Perrot. Feuille grand-monde. Prix : noir, 3 fr.; colorié, 6 fr.

Honoré de la souscription de S. Exc. le ministre de l'Agriculture.

## ZOOLOGIE DU JEUNE AGE

Ou Histoire naturelle des animaux, écrite pour la jeunesse, par A. Lereboullet, professeur de zoologie et d'anatomie comparée à la Faculté des sciences de Strasbourg, directeur du musée d'histoire naturelle, etc. Un beau vol. in-4° orné de 33 planches coloriées. Prix, cartonné : 20 fr.

---

## TRAITÉ PRATIQUE DU NATURALISTE PRÉPARATEUR

Par Arthur Éloffe, naturaliste préparateur et professeur de taxidermie, membre de plusieurs Sociétés d'horticulture, sept fois lauréat aux Expositions. Un joli vol. in-18 raisin, avec figures. Prix, cartonné : 2 fr.

Ouvrage honoré de la souscription du ministre de l'Agriculture.

---

## LE CHASSEUR D'INSECTES

Instruction pour découvrir, prendre, préparer et conserver les insectes, précédée d'une introduction élémentaire à l'étude de l'entomologie, par A. M. Perrot. Un joli vol. in-18, avec 45 fig. sur bois. Prix : 1 fr. 25 c. Seconde édition.

Ouvrage honoré de la souscription du ministre de l'Agriculture.

---

## LES SENSITIVES

Ou Physiologie végétale, par M. Regley. Un joli volume in-18 raisin, avec figures. Prix, : 1 fr.

## CAUSERIES D'UN NATURALISTE

Par A. Dupuis, professeur d'histoire naturelle. Un joli volume in-18 raisin, avec figures. Prix : 1 fr. 50.

---

EN PRÉPARATION :

## LES PAPILLONS DE FRANCE

Par A. Dupuis. Un beau vol. in-18 jésus. Figures.

---

## LA FEMME TELLE QU'ELLE EST

Étude, par le chevalier de Moeller, officier de la Légion d'honneur. Un beau volume in-18 jésus. Prix : 3 fr.

---

## DU SORT DE LA FEMME

Dans les temps anciens et modernes, par H. G. Moke, professeur à l'Université de Gand. Un volume in-18 jésus. Prix : 2 fr.

---

## LES HOMMES

Étude, par F. Teinturier. Un volume in-18 jésus. Prix : 3 fr. 50 c.

---

## ŒUVRES COMPLÈTES D'EUGÈNE SCRIBE

De l'Académie française. Nouvelle édition, illustrée de 125 figures sur acier, d'après MM. Alfred et Tony Johanot, Gavarni, Markl, G. Staal, etc., etc. 17 beaux volumes in-8° à deux colonnes. Prix : 40 fr

Cette imitation parfaite de peinture a valu à M. Dupuy, l'inventeur du procédé, la médaille de première classe à l'Exposition universelle.

Prime délivrée gratuitement dans les bureaux.

Nous prions nos abonnées de ne point confondre ces reproductions avec celles données en prime par d'autres publications. Notre prime actuelle est un véritable tableau de genre d'une grandeur de 46 cent. sur 33.

Prix de l'abonnement :
Paris, 10 fr.— Départements, 12 fr. — Étranger, 16 fr.
Ajouter 2 francs pour recevoir la Prime *franco*.

---

*Paris.—Imprimé chez Bonaventure et Ducessois, 55, quai des Grands-Augustins.*

www.ingramcontent.com/pod-product-compliance
Ingram Content Group UK Ltd.
Pitfield, Milton Keynes, MK11 3LW, UK
UKHW022112260726
13993UKWH00001B/473

9 782329 318202